차는 어렵지 않아

LE THÉ C'EST PAS SORCIER

야스 가케가와(Yasu Kakegawa)

이 책을 쓸 수 있게 도와준 많은 분들께 감사드립니다.
너무나 많은 분의 도움을 받아 여기에 모두 적을 수 없어서
이 책을 그저 나의 부모인 야스히코와 히데코에게 바치는 것을
너그럽게 이해해주기 바랍니다. 또한 차를 재배하고 차 문화를
즐길 수 있는 풍요로움과 다양성을 선사해준
이 지구에도 고마움을 전합니다.
마지막으로 나를 받아 준 나라이자 내 삶의 절반 이상을 보낸 프랑스와,
나의 고국 일본에도 각별한 마음을 전합니다.

야니스 바루치코스(Yannis Varoutsikos)

엄마는 차가 모든 면에서 좋다고 말씀하셨지요.
역시 엄마 말씀이 맞았어요.
아빠, 그렇다고 섭섭해 하지 마세요. 전 커피도 좋아요.
사랑합니다. 네, 공개적인 애정선언입니다.
차를 마신 것처럼 기분이 좋아지네요.
여러분에게 키스를 보냅니다.

차는 어렵지 않아

LE THÉ C'EST PAS SORCIER

야스 가케가와(Yasu Kakegawa) 글
야니스 바루치코스(Yannis Varoutsikos) 그림
고은혜 옮김

GREENCOOK

CONTENTS

1 시작하기

2 차나무 재배

3 차 만들기(제다)

4 세계의 차

5 시음 입문

6 차 종류별 시음 방법

7 차의 효능

8 차 구입

9 차와 음식의 페어링

10 참고자료

CHAPTER

Nº

시작하기

당신은 어떤 타입일까?

차를 처음 마셨을 때의 기억을 떠올려보자. 처음에는 이렇게 생각한다. '이렇게 쌉싸름한 걸 어떻게 좋아하지?'
하지만 한 번 더 마시고, 또 여러 번 마시는 동안 차의 독특한 풍미가 좋아지기 시작했을 것이다.
먼저, 당신이 어떤 타입의 차 애호가인지 알아보자.

A 하루에 차를 몇 잔 마시나요?

☐ 안 마신다
☐ 1~2잔
☐ 3잔
☐ 4잔 이상

B 하루 중 처음 차를 마시는 시간은 언제인가요?

☐ 기상 후
☐ 아침식사 때
☐ 출근 후
☐ 점심식사 후

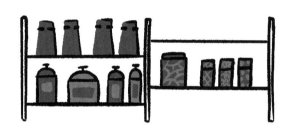

C 차는 어디에서 구입하나요?

☐ 슈퍼마켓
☐ 유기농 식료품점
☐ 차 전문점

D 현재 차를 몇 종류나 가지고 있나요?

☐ 없음
☐ 1~2종류
☐ 3종류
☐ 4종류 이상

점수 계산은?

A 4잔 이상-4점 / 3잔-3점 / 1~2잔-2점
B 기상 후-4점 / 아침식사 때-3점 / 출근 후-2점 /
점심식사 후-1점.
C 차 전문점-3점 / 유기농 식료품점-2점 / 슈퍼마켓-1점
D 4종류 이상-4점 / 3 종류-3점 / 1~2 종류-2점

점수에 따른 결과

⊷ 8점 이하_ **호기심 단계**
⊷ 8~10점_ **입문자 단계**
⊷ 11점 이상_ **전문가 단계**

왜 차를 좋아할까?

☐ 차의 가볍고 향긋한 맛이 좋아요.

☐ 차는 가장 좋은 갈증 해소 방법이에요.

☐ 차는 건강에 좋으니까요.

☐ 친구들과 차를 마시는 시간이 즐거워요.

☐ 여러 가지 차에 대해 알려주는 수업을 좋아해요.

☐ 매일 아침, 하루를 제대로 시작하기 위해 차에 들어 있는 카페인이 필요해요. 나만의 작은 의식이랍니다.

☐ 습관적으로 커피를 마시지만, 때로는 기분 전환을 위해 차를 마셔요.

☐ 차가 없는 간식시간은 진정한 간식시간이 아니에요.

☐ 저는 최고 등급의 차를 즐긴답니다. 최고급 와인을 맛보는 것만큼 즐거운 일이에요.

차의 대분류

차는 끓인 물에 한 가지 또는 여러 가지 식물을 넣고 우려낸 음료로 다양한 종류가 있다.
원래 차는 차나무의 새싹, 잎, 줄기 등으로 만든다.
하지만 지금은 차나무가 아닌 다른 식물로 만드는 다양한 음료를 모두 〈차〉라고 부르기도 한다.
여기서는 이런 혼란을 피하기 위해 몇 가지 명확한 차이점을 제시하였다.

차나무로 만드는 차

차나무 재배는 긴 주기로 이루어진다. 차나무에서 처음으로 차를 수확하기까지는 5년이 걸리며, 그 다음부터는 해마다 수확이 가능하고 수십 년 동안 이어진다. 진정한 차는 비할 수 없는 향과 맛을 갖고 있다. 차나무에서 생산되는 차는 두 종류가 있다.

단일 산지차(Les thés d'orgine)

차나무 잎이나 새싹 등으로 만들며 향에 변화를 주는 어떤 재료도 첨가하지 않는다. 단일 산지차는 크게 녹차, 우롱차(녹차와 홍차의 중간 정도로 산화시킨다), 홍차(완전히 산화시킨다) 등 3종류로 나뉜다.

가향차(Les thés parfumés)

찻잎은 주변의 향을 매우 잘 흡수한다(좋은 향은 물론 나쁜 냄새도 흡수하기 때문에 안전한 장소에 보관하는 것이 중요하다. 이에 대해서는 뒤에서 다시 설명한다).
꽃을 이용해 차에 향을 입히기 시작한 것은 중국 송나라(960~1279년) 시대로 추정된다. 가향차는 단일 산지차를 이용해서 만드는데, 특징이 강하지 않은 중성적인 차를 선택해 신선한 찻잎과 재스민, 연꽃,

장미, 또는 국화 꽃잎을 섞은 다음 밤새 그대로 둔다. 이러한 〈접촉식〉 가향 방식에서는 꽃잎 외에도 향신료, 과일 조각 등을 사용하기도 한다. 가향차 중 가장 유명한 것은 재스민차이다.
천연 또는 인공 향료를 이용해 차에 향을 입히는 것도 가능한데, 이를 가미차(Les thés aromatisés)라고 부른다. 가미차는 방향물질을 첨가하여 만든다. 대표적인 예로, 18세기 영국에서 홍차에 베르가모트 향을 조합하여 만든 얼 그레이(Earl Grey) 티가 있다. 이처럼 방향 물질을 첨가해 가미차를 만드는 방식은, 1960년대 이후로 유럽에서 크게 발전하였다. 원료(에센셜 오일, 추출물 등)에서 얻은 천연 아로마 또는 천연 아로마와 비슷하게 합성하여 만든 인공 아로마(예를 들면 바닐라향)를 사용한다. 말린 과일의 경우 접촉식 가향 방식으로는 향이 매우 약하게 전달되기 때문에, 더 뚜렷한 아로마를 얻기 위해서는 인공적인 방식으로 향을 입히는 것이 훨씬 더 효율적이다. 고품질의 가미차를 만들기 위해 차 생산자 또는 아로마티스트(식품가향 전문가)들은 차에 입힐 향의 조합을 자유롭게 선택할 수 있다. 향료를 이용하는 방법은 천연 재료를 이용하는 것보다 더 다양한 풍미를 만들어낸다.
실제로는 가향차와 가미차를 구분하지 않고 통틀어서 가향차라고 부르는 경우가 많다.

다른 식물로 만드는 〈차〉

독성이 있는 경우는 당연히 제외하고, 대부분의 식물은 〈차〉 또는 〈허브차〉라고 부르는 음료를 만들 수 있다. 이러한 식물들은 보통 차나무보다 재배 기간이 짧다.

예를 들면, 우리가 잘 알고 있는 민트차, 프랑스인들이 무척 좋아하고 많이 마시는 버베나티, 캐모마일티 등이 다른 식물로 만든 차다. 그밖에도 아래와 같이 다양한 대용 〈차〉가 존재한다.

➥ 메밀차_ 한국, 일본의 특산차로 인기가 많다. 볶은 메밀을 끓이거나 우려서 만든다.

➥ 루이보스차_ 주로 남아프리카에 서식하는 떨기나무(관목)인 루이보스의 잎을 말려서 만드는 차.

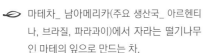

➥ 마테차_ 남아메리카(주요 생산국_ 아르헨티나, 브라질, 파라과이)에서 자라는 떨기나무인 마테의 잎으로 만드는 차.

그러나 이렇게 다른 식물로 만든 대용 차에서는 차나무 잎으로 만든 차에서 느껴지는 복합적인 아로마나 맛을 느낄 수 없다. 비교 불가!

향기의 나라 프랑스

프랑스 베르사유의 향료 전문 학교 ISIPCA(Institut superieur international du parfum, de la cosmetique et de l'aromatique alimentaire)에서는 조향사와 아로마티스트를 양성한다. 세계적인 조향사 장-자크 겔랑(Jean-Jacques Guerlain)이 1970년에 설립한 학교이다.

연도별 차의 역사

아시아에서 차의 역사는 조상 대대로 이어져왔다.
차나무에 대한 기록은 이미 중국 신화에서부터 등장한다.
여기서는 몇몇 주요 사건을 통해 전 세계의 차 소비에 대해 알아본다.

220~280년
중국 삼국시대에 차를 음료로 설명한 최초의 기록이 등장.

760~780년
중국 당나라 시대의 문인 육우[陸羽]가 세계 최초의 차 전문서, 『다경(茶經)』을 펴냈다.

815년
일본 최초의 차에 대한 기록이 등장. 본샤쿠지[梵釈寺]라는 절을 찾은 사가[嵯峨] 천황에게 승려 에이추[永忠]가 차를 올렸다.

15세기
일본에서 차광재배 기술로 맛차[抹茶, 말차]를 생산.

1517년
포르투갈인들이 광둥에서 차를 처음 접하고 이를 서양에 소개했다.

16~17세기
중국 푸젠성에서 우롱차와 홍차를 생산하기 시작. 이전에는 녹차밖에 없었다.

1773년 : 보스턴 티 파티
영국이 차에 부과하는 무거운 세금에 반발하여, 보스턴 시민들이 폭동을 일으켰다. 이 폭동을 일으킨 〈자유의 아들들(Sons of Liberty)〉은 세 척의 선박에 실려 있던 차 상자를 모두 바다에 내던졌다. 〈보스턴 티 파티(Boston Tea Party)〉라는 이름으로 알려진 이 사건은, 훗날 미국독립혁명의 도화선이 된다.

1823년
로버트 브루스(Robert Bruce)는 인도의 아삼주에서 중국의 차나무와는 다른 품종의 차나무를 발견했다. 그 뒤로 그는 자신의 동생(두 사람은 원래 영국 해군 장교였다)과 힘을 합쳐, 인도에서 〈아사미카(Assamica, 대엽종)〉 품종 홍차의 최대 생산자가 된다.

1839~1842년
영국과 청나라 사이에 제1차 아편전쟁이 발발. 이 전쟁은 본질적으로 무역전쟁에서 비롯되었다. 영국은 청나라에서 차를 대량으로 수입하고 있었고, 그로 인해 큰 적자가 발생하였다. 적자를 해결하기 위해 영국은 당시 식민지였던 인도에서 재배한 아편을 청나라에 파는 이례적인 삼각무역을 생각해냈다.

1600년
네덜란드 동인도회사가 차를 수입하기 시작했다.

루이 13세 (1610~1643)
이 시기에 프랑스의 지도층에서 차를 소비하기 시작한 것으로 추정된다.

1662년
포르투갈 공주 카타리나 데 브라간사 (Catarina de Bragança)가 영국의 찰스 2세와 결혼. 그녀는 영국 귀족들에게 차를 알리는 데 기여했다.

1689년
제3차 영국·네덜란드 전쟁 후, 영국은 네덜란드 동인도회사를 거치지 않고 직접 차를 수입할 권리를 획득했다.

1845년경
영국의 베드포드(Bedford) 공작 부인, 안나 마리아 러셀 (Anna Maria Russell)은 베드포드가의 저택인 워번 애비(Woburn Abbey)로 손님들을 초대해 가벼운 간식을 곁들인 차를 대접했다. 여기서 〈애프터눈 티(Afternoon Tea)〉를 마시는 관습이 생겨나 영국 귀족 사회로 빠르게 퍼져나갔다.

제2제정
외제니(Eugénie) 황후는 콩피에뉴 (Compiègne) 성에 〈티 살롱〉을 만들고, 당대의 유명 인사들을 초대해 하루에도 몇 번씩 차를 대접했다.

1867년
일본은 처음으로 참가한 파리 만국박람회에서 기모노를 입은 여성들이 차를 제공하게 해, 많은 관람객들의 눈길을 끌었다.

20세기 초, 미국
처음으로 티백이 등장하고, 유명 예술가들의 작품 속에서도 찻주전자를 자주 볼 수 있게 되었다. 원래 특권층에서만 즐기는 이국적인 상품이었던 차가 일상에서 자리를 잡았다.

1990년경
다양한 차 브랜드가 발달하고, 거리에는 차를 마실 수 있는 가게들이 문을 열기 시작했다.

차 관련 직업

우리가 마시는 차는 많은 사람이 참여한 작업의 결실이다.
찻잎이 찻잔 속에 들어오기까지, 차를 재배한 다원부터 구입한 상점에 이르는 직업의 긴 연결고리가 존재한다.

재배 방식

규모에 따라 2가지 유형으로 구분한다.

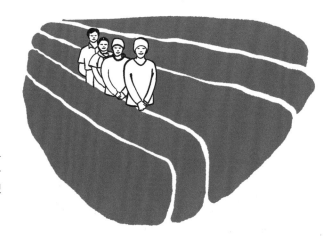

가족 재배

한 가족의 구성원들이 그들이 소유한 토지에서 차를 재배하는 경우이다. 수확부터 가공까지의 모든 과정을 담당한다.

대규모 재배

영어권 국가에서는 대규모로 차를 재배하는 다원을 〈티 에스테이트(Tea Estates)〉라고 부르며, 실제로 많은 기업들이 이 방식으로 차를 재배한다. 와인을 생산하는 와이너리에 비할 만한 조직을 이루고 있으며, 여러 전문가가 밀접한 관계를 맺고 분업하여 작업을 진행한다.

분명한 역할 구분

티 마스터

총 책임자로 작업 전반을 감독하며, 주업무는 차의 〈가공〉이다.

재배자(차농)

비료, 가지치기 등 해마다 최상의 수확물을 얻기 위한, 여러 가지 일을 담당한다.

채엽자

채엽(Picking)은 정밀하고 섬세한 작업이다. 채엽의 정확도에 따라 재배한 차의 맛과 향이 달라진다. 채엽 방법은 기계 채엽과 수작업 채엽이 있다.

전 세계적으로 아직까지도 수작업으로 채엽하는 비율이 월등히 높으며, 수작업 채엽은 다시 3가지로 분류한다. 첫 번째, 헌상급 채엽(Imperial Picking)은 어린 새싹(페코, Pekoe) 하나와 그 바로 아래 가장 가까운 한 잎만 채엽한다. 두 번째, 상급 채엽(Fine Picking)은 어린 새싹과 그 아래 두 잎을, 마지막으로 중급 채엽(Medium Picking)은 다 자란 새싹과 그 아래 세 잎 또는 네 잎까지 채엽한다.

대부분의 경우 채엽은 계절노동자가 담당한다. 채엽 기계의 등장으로 상황이 달라지고 남성 채엽자들이 등장하기 시작했지만, 수작업 채엽은 오랫동안 여성의 전유물이었다. 채엽은 매우 고된 노동으로 수확 시기에는 일손이 부족한 경우도 많다.

전문 도매상 — 블렌더(차 가공업자)

생산자가 도매상-블렌더의 역할까지 하는 경우도 있지만, 일반적으로 차의 품질을 관리하기 위해서는 전문가가 필요하다. 차의 품질관리는 반드시 필요한 과정인데, 생산자가 자신이 만든 상품의 가치를 정확하게 평가하기는 힘들다. 전문 도매상-블렌더의 관리로 상점에서 판매할 차의 품질이 보장된다. 전문 도매상-블렌더의 역할은 다양하다.

- 생산자나 경매를 통해 가공이 필요한 찻잎을 구입해서 〈손질한다〉. 좀 더 구체적으로 설명하면 차의 품질을 저해할 수 있는 모든 요소(상태가 좋지 않은 찻잎 등)를 제거하여 차의 품질을 관리한다. 또한 차를 구성하는 새싹, 잎, 줄기 등의 균형을 맞추어 전체의 품질을 고르게 만든다.
- 2차 건조를 진행하여 차를 바로 우려서 마실 수 있는 상태로 만든다.
- 생산자별 특징을 존중해 각각의 로트별로 판매할 수도 있지만, 대부분의 경우 여러 로트를 블렌딩해 안정적인 공급을 가능하게 한다.

차 관련 용어

건조

차 생산 과정에서 중요한 단계. 차의 품질을 유지하고 가장 좋은 상태로 보관하기 위한 핵심적인 단계이다.

다원

차나무를 재배해 차를 생산하는 밭.

단일 산지차(Les thés d'orgine)

어떤 첨가물도 넣지 않은 차. 오직 자연과 인간의 노동에 의해 만들어진다.

로트(Lot) 또는 배치(Batch)

생산일자(채엽 일자), 채엽한 다원(차밭의 구획), 생산자, 품종 등이 동일한 차의 생산 단위.

리큐어(Liqueur)

찻잎을 우려낸 찻물(차탕). 프랑스의 티 소믈리에들이 쓰는 용어로 알코올은 들어 있지 않다

맛차[抹茶, 말차]

일본에서 600년 전부터 생산된 녹차. 고유의 기술로 만든 가루 녹차이다.

모슬린

티백을 만드는 데 사용하는 천. 티백 한 개에는 찻주전자 한 개 또는 찻잔 한 개에 필요한 용량의 찻잎이 들어 있다.

블렌드(Blend)

블렌드는 〈혼합〉 또는 〈조합〉을 의미한다. 시중에서 판매되는 차에 흔히 사용되는 방식으로, 생산자가 각기 다른 여러 종류의 찻잎을 혼합한다.

수확시기

1년 중 차를 수확하는 시기. 일반적으로 계절과 관련이 있고 수확시기에 따라 차의 특징이 결정된다. 봄 수확, 여름 수확, 가을 수확이 있다.

차선(茶筅)

맛차를 만드는 데 사용하는 대나무 거품기.
일본어로 차센이라고 부른다.

카멜리아 시넨시스
(*Camellia sinensis*)

향기로운 잎을 얻을 수 있는 떨기나무.
보통 차나무라고 부른다.

카테킨(Catéchine)

플라보노이드의 일종으로 녹차에 많이 함유되어
있다. 주로 떫은맛을 내며 항산화 효과가 있다.

테아닌(Theanine)

차나무가 만들어내는 아미노산. 양질의 녹차에 많
이 함유되어 있다. 테아닌은 안정 효과가 있으며 단
맛과 감칠맛을 낸다.

티 블렌더

여러 로트의 찻잎을 조합하여 항상 같은 품질
의 차를 만들어내는 전문가.

티 소믈리에

차 시음 전문가. 와인 분야의 소믈리에와
마찬가지로 차를 선택하고 음식과 차를 페
어링하는 데 도움을 준다.

포다(泡茶)

차 우리기(Infusion). 같은 찻잎을 처음
우려낸 것을 초포, 2번째 우려낸 것을
재포라고 한다.

품종(재배종)

인위적인 개량을 통해 고유의 특징을 갖게 된 차나
무. 품종에 따라 차의 향과 풍미가 크게 달라진다.

효소(Enzyme)

체내의 화학반응을 촉진하는 단백질. 차나무 잎에
자연적으로 존재하며, 이 효소에 의한 찻잎의 산화
정도를 조절하여 차를 만든다.

CHAPTER

Nº

2

차나무 재배

차와 차나무

차는 차나무의 새싹, 잎, 줄기로 만든다.
차나무는 늘 녹색 잎을 유지하는 강인한 식물이다.

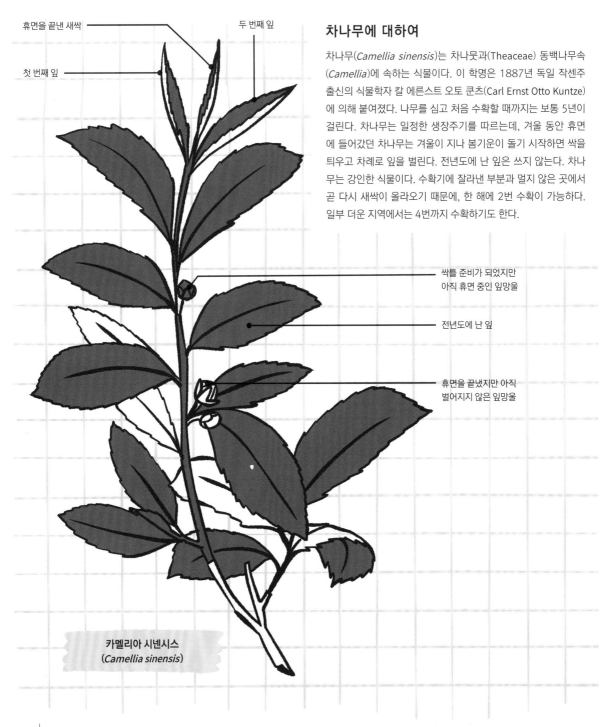

휴면을 끝낸 새싹

두 번째 잎

첫 번째 잎

싹틀 준비가 되었지만
아직 휴면 중인 잎망울

전년도에 난 잎

휴면을 끝냈지만 아직
벌어지지 않은 잎망울

카멜리아 시넨시스
(*Camellia sinensis*)

차나무에 대하여

차나무(*Camellia sinensis*)는 차나뭇과(Theaceae) 동백나무속(*Camellia*)에 속하는 식물이다. 이 학명은 1887년 독일 작센주 출신의 식물학자 칼 에른스트 오토 쿤츠(Carl Ernst Otto Kuntze)에 의해 붙여졌다. 나무를 심고 처음 수확할 때까지는 보통 5년이 걸린다. 차나무는 일정한 생장주기를 따르는데, 겨울 동안 휴면에 들어갔던 차나무는 겨울이 지나 봄기운이 돌기 시작하면 싹을 틔우고 차례로 잎을 벌린다. 전년도에 난 잎은 쓰지 않는다. 차나무는 강인한 식물이다. 수확기에 잘라낸 부분과 멀지 않은 곳에서 곧 다시 새싹이 올라오기 때문에, 한 해에 2번 수확이 가능하다. 일부 더운 지역에서는 4번까지 수확하기도 한다.

차나무에도 꽃이 필까?

수확이 끝난 차나무는 회복이 필요하다. 따라서 생장을 유지하는 데 모든 에너지를 쏟아붓는다. 이것이 농장에서 차나무 꽃을 보기 힘든 이유인데, 차나무가 지치거나 늙으면 여름이나 가을에 흰 꽃 몇 송이를 피우기도 한다. 차나무 씨앗은 천천히 맺혀서 1년 뒤에 떨어진다.

정원의 차나무 한 그루

일본에서는 차를 생산하기 위해서가 아니라, 꽃을 보기 위한 차나무 재배가 증가하고 있다. 몇몇 품종의 이름을 소개하면, 아름다운 분홍색 꽃이 피는 〈베니바나〉, 동백나무와 차나무를 교배시켜 만든 〈로비라키〉, 동백과 차나무의 또 다른 교배종인 〈하루마치히메〉, 일본 고유의 품종으로 동백보다 추위에 민감한 〈애기동백(*Camellia sasanqua*, 산다화라고도 한다)〉 등이 있다.

베니바나[紅花]

로비라키[炉開き]

애기동백

하루마치히메[春待姬]

차나무의 생장주기

차나무는 일생 동안 계절의 흐름에 따라 여러 번의 수확을 겪는다.
이러한 봄 또는 여름의 수확시기, 그리고 채엽 방식에 따라 차의 맛이 달라진다.

겨울

차나무의 휴면기. 생장이 느려지지만 포도나무와 달리 녹색 잎은 지지 않는다.

봄

기온이 올라 봄이 가까워지면, 부푼 새싹이 벌어지면서 어린잎이 모습을 드러낸다. 그리고 잎이 한 장 한 장 벌어진다. 이때는 늦서리에 주의해야 하는데, 어린잎이 죽을 수 있기 때문이다. 서리가 심하면 봄 수확을 할 수 없다.

첫 수확

처음 새싹이 벌어지고 나서 한 달 정도 지나면 채엽을 시작할 수 있다. 이를 봄 수확이라고 한다.

봄 수확을 마친 생산자에게는 두 가지 선택지가 있다.
- 1년에 한 번만 수확하고 매우 낮은 높이로 가지를 쳐낸다. 그러면 차나무는 조금씩 자라 가을이면 다시 원래의 키로 돌아온다.
- 또는 가지치기를 하지 않고 차나무가 자라게 둔다. 채엽할 때 잘라낸 부분 근처에서 새싹이 돋아나며 새로운 생장이 시작된다.

여름

이 계절에 차나무는 강한 햇살과 더운 날씨 덕분에 무럭무럭 자란다. 차나무가 가장 잘 자라는 시기이다.

2차 수확

첫 수확을 하고 50일 정도 뒤에 여름 수확을 한다. 이로써 그해의 수확이 끝나는데, 일부 더운 지역에서는 추가 수확을 진행하기도 한다.

3차 수확

여름철 기온 상승으로 차나무가 더 빨리 자란다. 그래서 3차 수확은 2차 수확 후 30~40일이 지난 뒤에 진행한다.

가을

기온이 내려가 휴면기가 가까워지면, 생산자들은 차나무를 가지치기해서 다가올 봄의 첫 수확을 준비한다. 새싹이 고르게 나오도록 쓸모없는 부분을 잘라내는 것이다. 이 가지치기는 봄이 가까워질 무렵, 차나무가 휴면을 끝내기 전에 할 수도 있다. 가을이 지나면 차나무는 겨울 휴면에 들어간다.

비료의 필요성

비료는 겨울을 제외하고 계절마다 2번씩 준다. 기본적으로 육류, 말린 생선, 기름을 짜고 난 유채씨 찌꺼기(깻묵) 등으로 이루어진 유기질 비료를 주는데, 흙속의 박테리아가 이 유기물을 먹고 분해해서 차나무가 흡수할 수 있게 만들어준다.

차나무의 주요 품종

차나무(*Camellia sinensis*)는 크게 〈시넨시스(*sinensis*)〉 품종과 〈아사미카(*assamica*)〉 품종으로 나뉜다.
그 밖에 이 두 품종을 교배시켜 만든 교배종 차나무도 있다.

차나무가 자생하는 지역은?

차나무는 일반적으로 북위 42°, 남위 27° 사이의 지역에서 재배된다. 평균 기온은 13℃여야 한다. 차나무는 습하고(연강수량 1500㎜), 약간 산성을 띤 토양에서 잘 자란다. 〈시넨시스〉 품종은 중국, 일본,

인도의 다르질링 지역에서 재배된다. 〈아사미카〉 품종은 그 이름에서 짐작할 수 있듯이 인도의 아삼 지역에서 많이 재배되며, 더 넓게는 인도의 다른 지역과 아프리카 지역에서도 재배된다.

북위 42°

남위 27°

차나무는 어디에서 태어났을까?

차나무의 원산지를 정확하게 규정하기는 어렵다. 다만 중국 남부, 미얀마, 라오스, 태국 사이의 지역에서 유래된 것으로 추정된다.

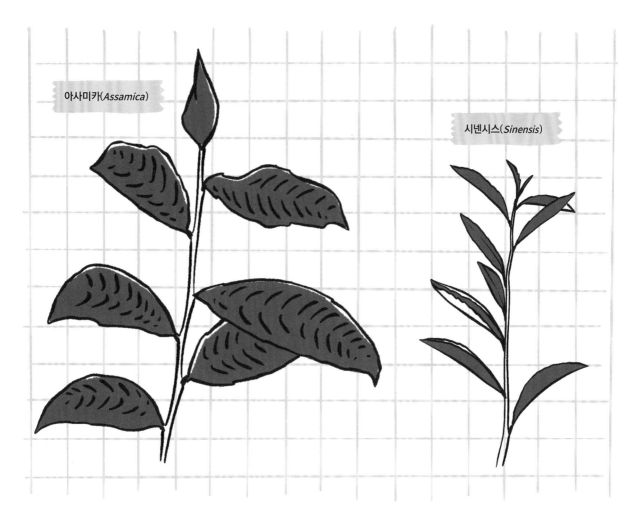

아사미카(*Assamica*)

시넨시스(*Sinensis*)

시넨시스 vs 아사미카

두 품종을 어떻게 구분할까?
차이점을 알아보자.

- **기후_** 〈아사미카〉는 고지대의 서늘한 기후를 견딜 수 있는 〈시넨시스〉보다 온화한 기후에서 자란다.
- **잎의 길이_** 〈아사미카〉 잎의 길이는 10~18㎝인 반면, 〈시넨시스〉는 5㎝가 채 되지 않는다.

- **맛의 특징_** 〈아사미카〉의 잎은 카테킨을 많이 함유하고 있어 떫은맛이 강하기 때문에 홍차를 만들기에 적합하다. 〈시넨시스〉의 잎은 테아닌이 풍부하여 감칠맛(p.93 참조)을 내는 것으로 알려져 있다. 〈아사미카〉에 비해 카테킨의 함량은 적은데, 그래서 맛의 균형이 잘 맞는다. 이것이 녹차에 사용되는 이유이며, 이러한 섬세한 균형은 홍차와 우롱차를 만들 때도 장점으로 작용한다.

차나무의 품종

〈시넨시스〉와 〈아사미카〉 품종에서 각각, 그리고 교배를 통해 여러 재배종들이 개발되었는데, 이는 차에 있어서 와인의 포도나무 품종과 같은 개념이다. 재배종은 꽃가루받이에 의한 선별적인 교배를 통해 태어나며, 꺾꽂이 (p.26~27 참조)를 통해 번식한다. 그래서 같은 재배종은 같은 유전형질을 갖지만, 같은 품종이라도 씨앗을 심어 재배한 경우에는 나무마다 차이가 있을 수밖에 없다.

차나무의 번식

차나무를 번식시키는 방법은 종자번식과 꺾꽂이가 있다.
종자번식이 오랫동안 유일한 번식 방법이었지만,
지금은 대부분 꺾꽂이로 번식시킨다.

종자번식

씨앗을 뿌려서 번식시키는 종자번식은 수 세기 전부터 이용된 가장 오래된 번식 방법이다. 여름과 가을에 꽃이 피고 나면 차나무 열매 속에 씨앗이 5개까지 맺히는데, 1년이 지나면 완전히 성숙한다. 이렇게 얻은 씨앗을 봄에 뿌려서 키운 어린 차나무가 차를 생산할 수 있게 되려면 5년 이상 기다려야 한다. 곤충 또는 바람에 의한 꽃가루받이는 자연적인 종자번식으로, 이웃 차나무와의 교배를 촉진시켜 새로운 재배종을 탄생시킨다.

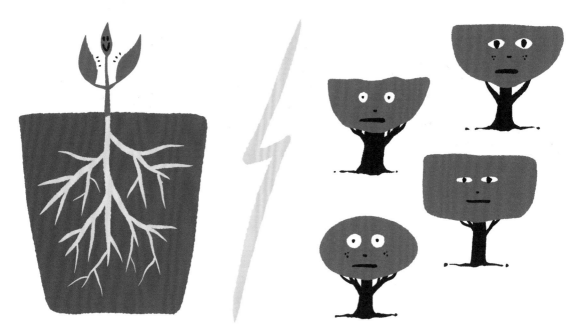

장점

씨앗으로 번식시킨 차나무는 뿌리를 깊이 내리기 때문에 더 튼튼하고 악천후에도 잘 견딘다. 또한 각각의 나무가 유전적으로 독자적인 특성을 갖기 때문에, 병해충의 공격을 받아도 재배지 전체로 전파되는 것을 막을 수 있다.

단점

차나무밭은 다양한 품종으로 구성되기 때문에, 씨앗으로 번식시킬 경우 결과적으로 품종이 더욱 다양해져 세대를 거듭함에 따라 균일한 품질의 찻잎을 얻기 힘들어진다.

자기불화합성

차나무는 제꽃가루받이를 하는 식물이 아니다. 이를 〈자기불화합성〉이라고 하는데, 자신의 꽃가루로는 열매도 씨앗도 맺지 못한다. 따라서 차나무 번식 과정에서는 자연적으로 두 품종의 교배가 이루어지며, 이렇게 얻은 씨앗을 심어서 번식시킬 수 있다. 다만 이 방법으로 재배한 차나무의 특성은 이전 세대와 다르다. 이러한 유전자 혼합을 반복하면서 차나무 밭은 어떠한 인위적인 개입 없이도 다양한 품종의 차나무로 구성된다.

꺾꽂이

꺾꽂이는 차나무의 일부분을 자르거나 꺾어서 심는 번식 방법이다. 이를 위해 튼튼한 가지를 고른 다음 찻잎이 달린 부분을 채취한다. 이 작업은 첫 번째 봄 수확 뒤에 이루어진다.

3~4주가 지나면 이렇게 심은 가지가 뿌리를 내리기 시작하고, 자리를 잡은 가지는 묘목으로 자란다. 그러나 꺾꽂이가 성공을 거두는 비율은 땅에 심은 가지의 80%밖에 되지 않는다. 또한 꺾꽂이는 일종의 복제이기 때문에, 이렇게 얻은 차나무는 꺾꽂이한 가지가 원래 붙어 있던 나무와 유전적으로 동일한 형질을 지닌다.

장점

같은 특성을 가진 단일 품종 차나무를 재배하는 것이 씨앗을 심어 얻은 여러 품종을 재배하는 것보다 쉽다.

단점

유전적으로 동일한 형질을 가진 차나무들이 병해를 입거나 심각한 해충의 공격을 받을 경우 농장 전체가 타격을 입을 수 있다.

실험

일본은 약 10년 전까지 씨앗으로 번식시킨 차나무를 꺾꽂이 품종으로 대체한 상태였다. 그 무렵부터 일부 생산자들은 새로운 재배 방법을 찾기 시작했다. 여기에는 여러 가지 이유가 있는데, 먼저 생물의 다양성이 가진 장점에 대한 깨달음, 그리고 꺾꽂이 과정에서 잃게 되는 차나무의 여러 가지 풍요로운 특성과 다양성 같은 가능성을 최대한 개발하기 위해서이다. 그래서 소후[蒼風], 고슌[香駿] 등 선발된 최신 재배종 사이의 꽃가루받이에 의한 교배가 이루어졌다. 이러한 종자번식 방법으로의 회귀는 같은 재배지 내에서 다양성을 회복할 수 있게 해주었다. 이 실험의 결과를 분석할 수 있으려면 아직 몇 년은 더 기다려야 하지만, 그 과정을 따라가는 것 또한 흥미롭다.

신품종 개발

19세기 말~20세기 초, 새로운 품종 개발에 대한 아이디어가 나오기 시작했다.
목표는 지금보다 생산성이 높고 병충해에 강한 품종을 만드는 것,
또는 더욱 섬세한 풍미를 만드는 것이다.

어떻게 할까?

먼저, 잠재적으로 가치가 있을 만한 두 재배종의 교배에서부터 시작한다. 1년이 지나면 차나무에서 씨앗을 수확해 심을 수 있다. 이어서 여러 기준(품질, 생산량, 추위와 해충에 대한 저항성 등)을 적용해 차나무를 관찰하고 분석하는데, 이 과정에 몇 년이 소요된다.

만약 이 새로운 품종이 시장에 출시할 만한 가치가 있다고 판단되면, 담당 기관에 품종명을 등록한다.

연구가 시작되는 순간부터 새로운 품종이 공식적으로 출품되기까지는 거의 20년이라는 시간이 필요하다.

몇몇 사례들

일본의 스기야마 히코사부로(1857~1941)는 이 분야의 진정한 선구자였다. 1908년 그는 자신이 소유한 시즈오카의 다원에서 한 종류의 차나무를 선발하였다. 이 차나무에서 만들어진 품종이 〈야부키타[藪北]〉로, 현재 일본 차 생산량의 80%를 차지한다.

인도의 다르질링 지역에서도 수많은 신품종 개발 실험이 이루어지고 있으며, 30여 가지의 재배종이 이 지역에서 자라고 있다.

또한 중국에서는 룽징[龍井, 용정]차를 만드는 룽징 43호, 우롱[烏龍, 오룡]차에 쓰이는 다홍파오[大紅袍, 대홍포] 품종 등이 개발되었다.

오늘날 농업 연구 센터에서는 이러한 신품종 개발을 위해 적극적으로 노력하고 있다.

플랜트 헌터(Plant Hunter)

교배가 새로운 품종의 차를 얻는 유일한 방법은 아니다. 〈플랜트 헌터(식물 사냥꾼)〉에게 도움을 청하는 방법도 있다.

플랜트 헌터는 세계 곳곳을 돌아다니면서 농업 또는 원예 분야에서 유용하다고 알려진 식물을 찾아 조사하고 씨앗이나 모종을 채집한다.

플랜트 헌터의 발견 중 일부는 전 세계의 식물에 대한 접근성을 높여서, 차가 아닌 다른 분야에서도 사람들의 식생활을 바꿔 놓거나, 새로운 치료약의 발견으로 이어지기도 했다.

한 가지 예를 들어보자. 감자는 남미 안데스 산맥 원산으로 고산지대에서 자라 추위에 강하다. 크리스토퍼 콜럼버스의 신대륙 발견으로 감자가 유럽에 소개되었고, 감자 재배를 통해 특히 북유럽 국가들이 식량 안정성을 확보할 수 있게 되었다.

플랜트 헌터의 이름이 알려진 경우는 거의 없지만 그들 중 일부의 이름이 전해지는데, 로버트 포춘(Robert Fortune, 1812~1880)은 차의 세계에서 가장 잘 알려진 인물이다. 다르질링에서 홍차를 생산하는 데 중심적인 역할을 한 그는 1850~1851년에 영국 동인도회사를 위해 중국을 두루 다니며 당시 영국의 식민지였던 인도의 차 재배 상황을 개선할 수 있는 식물을 찾아다녔다. 그 여행에서 포춘은 품질 좋은 차로 유명한 푸젠성 우이산 일대의 차나무 씨와 묘목을 손에 넣었고, 인도의 콜카타(옛 이름은 캘커타)에서 차나무 묘목을 번식시켜 다르질링 지역에 심었다. 그래서 다르질링 지역에서 재배되는 대부분의 차나무는 로버트 포춘이 중국에서 들여온 차나무의 후손이며, 이것이 다르질링 홍차와 〈아사미카〉 품종을 재배하는 아삼의 홍차가 크게 다른 이유이다.

차나무의 천적

차나무가 봄철에 새싹을 뜯어먹으러 온 야생 동물의 희생양이 될 수도 있지만,
차나무를 위험에 빠트리는 것은 주로 곤충이나 미생물의 공격이다.

탄저병

곰팡이에 의해 유발되는 탄저병은 덥고 습한 날씨에 자주 발생한다.
잎에 적갈색 점이 나타나고, 병에 걸린 부분은 결국 괴사해서 차나무
가 쇠약해진다. 탄저병은 수확량뿐 아니라 차의 품질에도 큰 영향을
미치기 때문에, 생산자는 탄저병에 저항성을 가진 품종을 선발하기
위해 노력한다. 가지치기도 차나무가 과도한 습기에 노출되는 것을
막는 데 도움이 된다.

애모무늬잎말이나방

애모무늬잎말이나방(Smaller Tea Tortrix)은 많은 식물에 해를 끼치는
해충이다. 작은 크기(1.5㎜로 태어나 20㎜, 또는 그 이상 커진다)의 이
애벌레는 차나무의 어린잎을 갉아먹으며, 늦봄부터 가을까지 활개를
친다. 애모무늬잎말이나방을 퇴치하기 위한 몇 가지 방법을 소개한다.

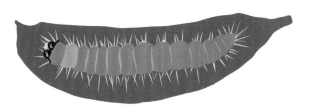

- 🐛 **페로몬_** 페로몬은 기본적으로 애모무늬잎말이나방의 번식에
  영향을 미친다. 성별 인식에 혼란을 일으킴으로써 번식을 제한
  하는 방법이다.
  지금은 대량생산된 페로몬을 다원 전체에 뿌리는데, 이렇게 하
  면 수컷은 완전히 길을 잃고 어디로 가야 할지 모르게 된다.
- 🐛 **바실러스 튜링겐시스(_Bacillus Thuringiensis_, Bt균)_** 자연
  적으로 존재하는 이 박테리아는 일부 곤충을 퇴치하는 데에만
  효과가 있다. 살충제로 사용되지만, 다른 생물종이나 환경에는
  해를 끼치지 않는다.

서리

서리는 특히 봄철 첫 수확을 위협하는 존재이다. 겨울에 휴면 중인 차
나무는 매우 낮은 온도에도 잘 견디며, 심지어 눈을 맞아도 문제 없
다. 하지만 봄이 되면 새싹이 돋아나고 어린잎이 나오는데, 이때
의 차나무는 매우 연약하다. 만약 불행히도 서리가 내리면, 새
싹과 어린잎은 죽을 위험에 처하고, 그 결과 첫 수확을 못하거나
적어도 수확량이 크게 줄어들 것이다.

위험에 대처하는 방법은?

- 🐛 가장 널리 사용하는 방법은 송풍기를 이용하는 것으로,
  기온이 위험수위에 다다르면 작동시킨다. 이 기계는 따뜻한
  공기를 위에서 아래로 순환시켜 서리가 내리는 것을 막아준다.
- 🐛 또 다른 방법은 서리가 내리기 전 차나무 밭에 소량의 물을 뿌
  리는 것이다. 이 수분이 연약한 어린잎 표면에 얇은 얼음막을
  형성하면, 어린잎을 서리에서 보호할 수 있다. 얼음막이 형성
  되는 0℃는 차나무가 견딜 수 있는 온도이다.

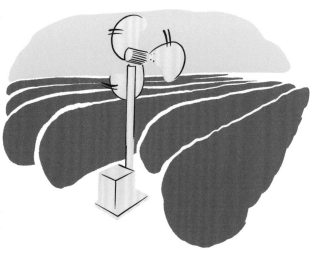

쓰키지 가쓰미(1954~2014)
도벳토의 아버지

쓰키지 가쓰미[築地 勝美]는 1954년 일본에서 태어났다. 그의 가족은 일본의 유명한 센차 재배지인 시즈오카 출신이다. 그의 아버지는 어릴 때부터 그에게 차에 대해 가르쳤다. 1980년이 다가올 무렵, 쓰키지 일가는 시즈오카의 도벳토[東頭]에 위치한 땅을 인수했다. 이 땅은 해발 800m의 작은 산 정상에 위치한 곳으로, 예전에 나무를 키우기 위해 개간한 곳이었다. 당시, 농업 전문가들은 일본에서는 해발 600m 이상에서 차를 재배할 수 없다고 경고하며, 쓰키지 가쓰미의 아버지가 이곳을 다원으로 개발하는 것을 말렸다. 이처럼 쓰키지 일가가 물도 전기도 전혀 공급되지 않고 야생 동물들만 드나드는 산간 지역의 땅을 개간하겠다고 나선 것은 그야말로 무모한 도전이었다.

1985년, 도벳토에서 차 생산이 시작되었다. 쓰키지 가쓰미의 노력으로 이곳에서 수확된 차는 20년 뒤, 일본 최고의 차가 되었다(위조품이 나돌 정도로 고급 차이다).

그의 차를 칭찬하는 사람들에게 쓰키지는 말한다. "저는 어떤 특별한 기술도 쓰지 않지만, 제 차의 품질을 개선하기 위해 제가 할 수 있는 모든 것을 다 합니다."

2014년부터는 그의 아내와 조카 요시키가 다원을 이어받아, 이 훌륭한 차를 앞으로도 계속 맛볼 수 있게 되었다. 프랑스에서는 아래의 주소에서 도벳토의 차를 판매한다.

🌰 **살롱 드 테 토모 (Salon de thé Tomo)**
11, rue Chabanais – 75002 Paris
www.patisserietomo.fr

🌰 **메종 드 테 우나미(maison de thé Unami)**
8, rue Saint – Jacques – 59000 Lille
2, rue Postillon – 1180 Bruxelles
www.unamitea.com

🌰 **레스토랑 라비스(L'Abysse)**
이곳에서는 차와 함께 일본 음식을 즐길 수 있다.
Carré des Champs – Elysées
8, avenue Dutuit – 75008 Paris
www.yannick-alleno.com

수확기

차나무 재배를 위해 다원 안에서는 계절에 따라 여러 가지 작업이 진행된다.
채엽이 이루어지는 수확기는 1년 중 가장 중요한 시기 중 하나로,
한 해 동안 쏟은 노력의 결실을 마침내 거둬들이는 순간이다.

채엽 주기는?

일반적으로 1년 동안 같은 차나무에서 2번 또는 3번의 채엽이 이루어진다. 그러나 최상의 녹차를 만들기 위해 1년에 단 한 번, 봄에만 채엽을 하는 생산자도 있다.

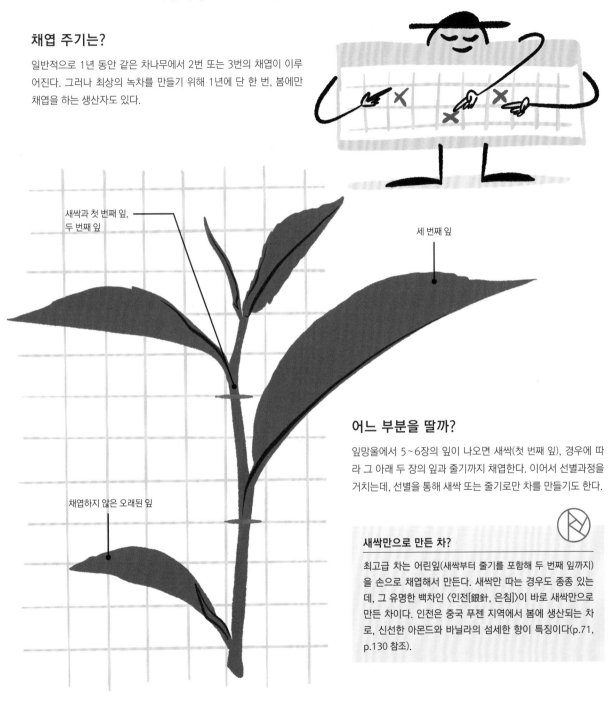

새싹과 첫 번째 잎,
두 번째 잎

세 번째 잎

채엽하지 않은 오래된 잎

어느 부분을 딸까?

잎망울에서 5~6장의 잎이 나오면 새싹(첫 번째 잎), 경우에 따라 그 아래 두 장의 잎과 줄기까지 채엽한다. 이어서 선별과정을 거치는데, 선별을 통해 새싹 또는 줄기로만 차를 만들기도 한다.

새싹만으로 만든 차?

최고급 차는 어린잎(새싹부터 줄기를 포함해 두 번째 잎까지)을 손으로 채엽해서 만든다. 새싹만 따는 경우도 종종 있는데, 그 유명한 백차인 〈인전[銀針, 은침]〉이 바로 새싹만으로 만든 차이다. 인전은 중국 푸젠 지역에서 봄에 생산되는 차로, 신선한 아몬드와 바닐라의 섬세한 향이 특징이다(p.71, p.130 참조).

수확에 적합한 시기

다원의 차나무 중 50~80%에서 잎망울 속에 있던 5~6장의 잎이 벌어지기 시작하면 생산자는 수확시기가 되었다고 판단한다. 지나치게 일찍 채엽을 하면 순하고 마시기 편한 품질 좋은 차가 되지만, 잎이 아직 작고 가벼워서 수확량이 적다. 반대로 지나치게 늦게 채엽을 하면 부피는 크지만 떫은맛이 강해지고 감칠맛은 훨씬 줄어들어 품질이 떨어지는 차가 된다.

와이너리에서는 포도의 성숙도가 단맛과 신맛의 밸런스를 결정짓는다. 차의 경우에는 감칠맛(단맛에 가까운 기분 좋은 맛)과 떫은맛에 모든 것이 달려 있다. 잎이 아직 어리고 작을 때는 감칠맛이 지배적이지만, 잎이 자라면 억세지고 떫은맛이 강해진다. 따라서 수확은 이 두 가지 요소가 완벽하게 조화를 이룰 때 해야 한다.

채엽의 적, 비

이론적으로는 비가 와도 채엽이 가능하다. 그러나 차를 만들 때 원래 찻잎이 가진 수분 이상의 물기가 있는 찻잎을 건조시키려면, 생산 과정이 훨씬 복잡해져서 품질 좋은 차를 만들 수 없다. 그래서 비가 오면 절대 채엽을 진행하지 않는다.

일기예보에서 여러 날 비가 온다고 예보하면 채엽 날짜를 정해야 하는 생산자는 딜레마에 빠진다. 좋은 때를 놓칠 위험을 감수하고 날씨가 맑아지기를 기다리거나, 생산량을 조금 포기하더라도 채엽 날짜를 당겨서 일부 찻잎의 품질을 확보할지 결정해야 한다.

수작업 채엽

재배 규모에 따라 생산자는 가족이나 지인에게 도움을 청하거나
계절노동자를 고용하여 채엽을 진행한다.

섬세한 작업

차의 특정 부분(새싹, 줄기, 첫 번째 잎, 그리고 경우에 따라 그 아래 두 번째 잎까지)을 손으로 따서 바구니에 담아 그대로 공장으로 보낸다. 채엽은 정밀하고 섬세한 작업으로 특별한 능력이 요구된다.

정밀성

차나무 가지 끝에서 모양이 가장 보기 좋은 새싹과 가장 가까이 있는 첫 번째 잎을 선택해, 소비자들이 마실 차의 품질과 섬세한 풍미를 확보한다.

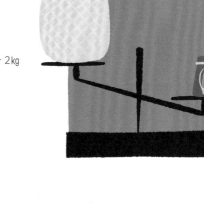

속도

수확량을 확보하기 위해 채엽자는 시간당 최소 2kg의 찻잎을 수확해야 한다. 참고로 차 2kg을 생산하기 위해서는 10kg의 찻잎이 필요하다.

인내심

채엽은 보통 이른 아침부터 해가 질 때까지 진행된다. 채엽자들에게는 긴 하루이기도 하지만, 분위기는 언제나 즐겁고 사이사이 휴식시간도 있다.

채엽은 여성의 일?

채엽팀은 거의 100% 여성으로 꾸려진다. 여성에게는 남성에게 부족한 장점인 정밀성, 속도, 인내심이 있는 모양이다. 판단은 당신의 몫이다.

장점

- 🔖 **매우 섬세한** 선별과 절단 작업.
- 🔖 **모든 지형**에서 채엽이 가능하다.
- 🔖 **같은 자리를 여러 번 오갈 수 있다_** 대규모 다원에서는 구역에 따라 찻잎의 발육에 차이가 있을 수 있다. 수작업으로 채엽을 할 경우 그에 맞게 며칠의 간격을 두고 다양한 채엽 동선을 짜는 것이 가능하다.
- 🔖 **차의 품질_** 숙련된 작업자들로 팀을 꾸리면, 매우 고품질의 차를 생산할 수 있다.

단점

- 🔖 **대규모 인력_** 로트를 채울 만한 양의 찻잎을 수확하기 위해서는 채엽자가 많이 필요하다.
- 🔖 **시간_** 채엽은 낮에만 이루어지므로, 한정된 시간 안에 작업해야 한다.
- 🔖 **복잡한 작업 계획_** 다원이 여러 구역으로 나뉘어 있어도, 모두 알맞은 시기에 채엽을 해야 한다.
- 🔖 **비용_** 계절노동자를 고용하려면 많은 비용이 필요하다.

수작업 채엽 VS 기계 채엽

수작업 채엽과 기계 채엽을 비교하는 데 참고할 만한 수치를 소개한다.
수작업으로 채엽할 경우, 찻잎 60㎏을 수확하기 위해 10명으로 구성된 채엽팀이 3시간 동안 일해야 한다. 그런데 〈톱(두 사람이 조작함)〉을 사용하는 경우에는 같은 양을 수확하는 데 15분밖에 걸리지 않는다. 여기서 우리는 수작업으로 채엽한 차를 구하기 힘든 이유를 알 수 있다. 만일 수작업으로 채엽한 차를 만나게 된다면 마음껏 즐기기 바란다.

기계 채엽

오늘날 가장 많이 사용하는 방법은 기계를 사용한 채엽이다.
노동력이 많이 필요하지 않아 더 높은 수익을 얻을 수 있고, 생산 비용은 낮출 수 있다.

톱을 사용하는 채엽

이 방식은 보통 두 사람만 있으면 진행이 가능하지만, 대부분의 경우 한 사람을 더 투입해 소중한 찻잎이 담긴 주머니를 관리하게 한다. 찻잎을 쉽게 딸 수 있도록 차나무를 일정한 높이로 줄지어 정리해놓은 〈채엽면(Picking Table)〉을 따라 톱이 지나간다. 찻잎은 잘려서 흡입 시스템을 통해 톱 뒤에 고정된 주머니로 들어가고, 이 주머니를 공장으로 보낸다.

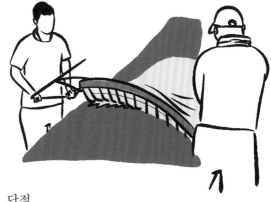

장점

- **모든 지형에서** 채엽이 가능하다.
- **속도_** 수작업 채엽에 비해 훨씬 더 효율적이다.
- **정밀성_** 트랙터보다 정밀하게 선별과 절단을 할 수 있다.
- **노동력 절감_** 기계는 적은 인원으로도 사용할 수 있으므로 인건비가 대폭 줄어든다.
- **만족할만한 품질_** 양과 품질 면에서 실질적으로 좋은 타협안이다.

단점

- 톱을 사용하면 일정 수준의 품질을 확보할 수는 있지만, **수작업 채엽의 정밀성은 따라갈 수 없다.**

트랙터를 사용하는 채엽

트랙터는 기계톱과 비슷한 시스템을 갖추고 있다. 트랙터가 채엽면(피킹 테이블)을 지나가면 잘린 잎이 뒤쪽에 붙어 있는 주머니로 들어간다. 다 채워진 주머니는 공장으로 보낸다.

장점

- **수확량_** 단시간에 많은 양을 수확할 수 있다.
- **노동력_** 단 두 사람이면 충분하다(트랙터를 운전하는 사람, 수확한 찻잎을 트럭에 실어 공장으로 운반하는 사람).

단점

- 트랙터는 평지에 위치한 차밭에서만 사용할 수 있다(**경사면 채엽 불가능**).
- 트랙터는 **가격이 비싸다.**
- 앞에서 설명한 두 가지 방식보다 채엽의 **정밀성**이 떨어진다.

차나무를 위한 이상 고도의 기후

고품질의 차를 얻기에 가장 적절한 다원의 위치는 해발 300~2,000m이지만,
작업 효율과 기계화의 영향으로 평지에 위치한 다원이 늘고 있다.

평지보다 산간 지역의 기후가 차나무에 더 좋은 것은 여러 가지 이유
때문이다.

◈ **낮과 밤의 큰 일교차**_ 차나무가 느리게 자라기 때문에 감칠맛
성분인 테아닌(Theanine)이 떫은맛을 내는 카테킨(Catechin)
으로 변하기 전에 일정 기간 저장할 수 있다. 또한 일교차는 차
나무에게 일종의 스트레스를 주기 때문에 그 반응으로 일부 아
로마 분자가 발달한다.

◈ **해충이 거의 없다**_ 높은 고도는 해충의 잦은 습격에서 차나무
를 보호한다.

◈ **병해가 덜하다**_ 외부로부터 고립된 다원은 전염병의 영향을 덜
받는다.

◈ **잦은 안개**_ 안개는 과도한 햇빛을 차단하고 자연적인 그늘을
제공한다. 근처에 물(강 등)이 있으면 안개가 더 자주 나타난다.

특별한 차, 오리엔탈 뷰티

타이완 우롱차인 오리엔탈 뷰티(Oriental Beauty, 동방미인)는 자연현상과 숙련된 차 재배 기술이 만나 이루어진 결과물이다. 무농약 차밭에서 생산되는 만큼, 자연에 대한 존중과 보호의 중요성을 보여주는 예라고 할 수 있다.

타이완에서는 6~7월에 일부 고지대의 다원에 소록엽선(*Jacobiasca formosana*, 초록애매미)이라는 이름의 작은 날벌레가 나타나는데, 이 벌레가 바로 오리엔탈 뷰티의 향을 만드는 주인공이다. 그렇지만 그 누구도 이 벌레의 출현을 보장할 수 없기 때문에, 오리엔탈 뷰티를 생산하기 위해서는 행운이 따라야 한다. 생산자는 소록엽선이 파먹은 새싹과 그 아래 처음 두 잎만 채엽해서 차를 만든다.

일본의 한 대학에서는 연구를 통해 오리엔탈 뷰티의 독특한 향이 형성되는 과정을 밝혀냈다. 소록엽선의 공격에 대한 반응으로 찻잎은 거미 등 소록엽선의 천적을 유인하는 폴리페놀을 분비한다. 이 폴리페놀이 차를 생산하는 과정에서, 벌레의 공격이 없었다면 존재할 수 없는, 독특하고 복합적인 향을 만들어낸다. 놀라운 생명의 힘에 감탄하지 않을 수 없다.

유기농 재배

인간과 환경을 위한 제품을 찾는 많은 소비자들이 유기농 차에 관심을 갖고 있다.
그렇다면 기존의 차와 유기농 차는 어떻게 구분하고,
유기농 인증의 기준은 무엇일까?

유기농 차 재배

유기농 재배에서는 모든 살충제, 또는 차나무가 튼튼하게 잘 자라도록 토양에 산, 질소, 칼륨 등을 풍부하게 공급하기 위한 화학비료의 사용이 금지된다.

따라서 생산자는 땅을 비옥하게 하고 해충을 퇴치하기 위해 자연적인 방법에 의지한다. 먼저 퇴비를 사용하는데, 이 천연비료는 현장에서 구할 수 있는 가축의 배설물과 분해된 식물로 만든다. 또한, 다원의 토양을 자연적으로 비옥하게 만들어주는 지렁이를 키우기도 한다. 마지막으로, 다원 내에 차나무와 함께 종려나무, 과일나무 등을 심어서 생물다양성을 유지한다. 다른 종들이 서로를 보호하는 이 생태계는 차나무가 잘 자랄 수 있는 토양을 만들어준다.

유기농 인증

〈유기농〉 라벨을 획득하기 위해서는 3년의 전환 기간이 필요하다. 이 기간 동안(물론 그 이후에도!) 농민들은 화학비료, 제초제, 합성 살충제, 심지어 방충제까지 모두 사용이 금지된다. 차에 〈AB(Agriculture Biologique, 유기농 재배)〉 라벨이 붙어 있다면, 그 차를 만든 농가가 유기농 인증 기준 준수 여부를 감독하는 외부기관의 관리를 받았음을 의미한다. 에코서트(Ecocert) 그룹은 전 세계에 지부가 있는 유기농 인증기관 중 하나이다.

그러나 유기농 전환은 제약과 속박의 다른 이름이기도 하다.

막대한 비용

생산량이 적은 생산자의 경우 유기농 인증을 적용하기가 매우 어렵다. 인증을 받는 데 필요한 비용이 차를 팔아서 얻는 소득만큼 많이 들기 때문이다.

게다가, 기존의 농법으로 재배한 차보다 유기농법으로 재배한 차의 품질이 더 뛰어나다고 해도, 집약적 농업과 같은 생산량에 도달하기 위해서는 훨씬 더 많은 노력을 기울여야 한다.

복잡한 인증 제도

유럽연합 내에서는 유기농 라벨을 획득하기가 상대적으로 쉽다. 사실 쉽다고 하기에는 어려움이 많지만 그래도 쉬운 편이다. 그러나 차와 같이 유럽연합 밖에서 생산되는 제품의 경우, 모든 것이 더 복잡하다. 같은 제품이 어떤 나라에서는 유기농으로 인정되고 다른 나라에서는 안 되기도 한다. 게다가 다른 나라 또는 다른 지역 간에 동등한 기준을 마련하는 것은 매우 어려운 일이다.

유기농 차는 모두 고품질일까?

전문가로서 나는 유기농 라벨 유무를 따지지 않고 차를 마신다. 차가 지닌 맛과 향의 품질은 어떤 라벨로도 보증되지 않기 때문이다. 그러니까 유기농 라벨을 붙인 차가 반드시 훌륭하다고 믿는 것은 좋지 않다. 다만 그 차의 생산 조건에 대해서는 확신할 수 있다. 그것은 분명하다.

그러나 우리가 원하는 것이 차의 맛에 대한 기준이라면, 분명히 새로운 시스템이 마련되어야 한다. 유기농 라벨과는 상관없이, 예를 들면 〈라벨 루즈(Label Rouge, 프랑스 농림부 인증 최우수 식품 라벨)〉와 비슷한 제도를 도입해야 한다. 실제로 유기농 라벨 획득에 필요한 관능적 기준은 존재하지 않는다.

CHAPTER

Nº

차 만들기(제다)

녹차, 우롱차, 홍차 : 뭐가 다를까?

차나무의 잎은 모두 녹색이다.
하지만 같은 차나무의 잎으로 녹차를 만들 수도, 홍차나 우롱차를 만들 수도 있다.

찻잎의 산화

당분을 많이 함유한 과일은 미생물의 활동에 의해 상태가 변한다. 이것을 우리는 〈발효(Fermentation)〉라고 부르는데, 와인과 커피를 만들 때도 일어나는 현상이다.
몇몇 책에서 차를 만들 때도 〈발효〉라는 용어를 사용하는 것을 볼 수 있지만, 이는 정확하지 않은 표현이다.

실제로 정확한 표현은 〈산화(Oxidation)〉이며, 찻잎에 자연적으로 존재하는 효소에 의해 유발되는 현상이다. 차의 3대 분류인 녹차, 우롱차, 홍차는 차를 만드는 과정에서 차나무 잎의 산화 정도에 따라 차를 분류한 것이다.

녹차를 만들 때는 찻잎에 함유된 효소를 비활성화시키기 위해 열을 이용한다. 이 작업은 수확 당일에 진행되어야 하며, 그렇게 하면 찻잎은 갓 채엽했을 때의 색깔에 가까운 녹색을 유지한다.

반대로, 홍차를 만들 때는 산화가 완전히 끝날 때까지 효소가 활동하게 내버려 둔다. 홍차를 영어로 〈블랙티(Black Tea)〉라고 부르는데, 이 이름은 적합하지 않다. 실제로 홍차 잎을 자세히 관찰해보면 오히려 주황빛이 도는 붉은색이라는 것을 알 수 있다. 이러한 이유로 블랙티를 〈레드티(Red Tea)〉라고 부르기도 한다(일부에서는 〈루이보스차(Rooibos Tea)〉를 레드티라고 부르기도 한다).

우롱차의 산화 정도는 녹차와 홍차의 중간이다. 일부는 녹차에 가깝고, 또 어떤 것은 홍차만큼 색이 어둡다.

여섯 가지 색깔로 분류하는 중국차

중국에는 수천 또는 수만 가지의 차가 있기 때문에, 모든 차에 적합한 분류 기준을 제시하기는 어렵다. 더욱이 중국차의 분류 작업은 1978년에서야, 안후이[安徽] 농업대학의 교수에 의해 이루어졌다. 그 뒤로 중국 사람들은 우러난 차의 색깔에 따라 차를 6가지로 분류한다. 먼저 3가지는 녹차, 청차(〈청록색을 띤 차〉 또는 우롱차를 의미),

홍차(서양에서는 〈블랙티〉라고 부른다)로 서양의 분류와 비슷하다. 중국의 분류는 여기에 다른 3가지 색깔의 차가 더해지는데, 백차, 황차, 그리고 흑차이다. 이 차들은 상대적으로 덜 알려져 있는데, 소량만 생산되기 때문이다. 그렇지만 점점 더 많은 전문가들이 이 6가지 색깔로 분류하는 방법을 사용하고 있다.

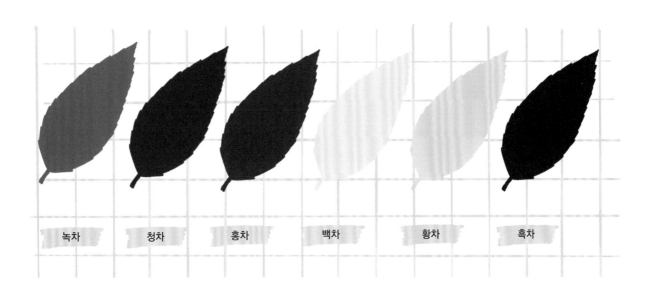

| 녹차 | 청차 | 홍차 | 백차 | 황차 | 흑차 |

프랑스의 경우

프랑스에서는 현재 차를 분류할 때 찻잎의 색깔을 기준으로 하는 직접적인 분류방법을 사용한다. 그러나 찻잎의 색깔은 차를 만드는 과정을 거친 결과이기 때문에 오해를 불러올 수 있다.
예를 들어, 봄에 수확한 다르질링 홍차의 잎은 녹차에 가까운 모습이

다. 또 다른 예로, 황차와 녹차도 구분하기 어려울 때가 있다. 그러므로 분류 체계 확립을 위해서는 이처럼 다른 색을 내는 원인인, 찻잎의 산화 정도에 따라 차를 구분하는 것이 가장 쉬운 방법이다.

녹차

녹차를 만드는 방법은 두 가지가 있는데, 찻잎의 산화를 막는 〈살청(殺靑, fixation)〉 방법으로 구분한다.
찻잎을 솥에 덖는 방법을 〈초청(炒靑, Pan-Firing)〉이라고 하며, 일본어로는 〈가마이리[釜煎り]〉라고 부른다.
증기로 찌는 방법은 〈증청(蒸靑, Steaming)〉이라고 하며, 일본어로는 〈무시[蒸し]〉라고 부른다.

아름다운 녹색

녹차의 아름다운 녹색은 어떻게 유지되는 것일까?
녹색채소를 따면 색이 조금씩 변하고, 자르면 색이 검게 변하기도 하는데 이것이 산화현상이다. 녹차를 만들 때는 열을 이용해 산화의 원인이 되는 효소를 비활성화시켜, 찻잎이 아름다운 녹색을 유지할 수 있게 한다.

채엽한 찻잎은 가능한 한 빨리 공장으로 운반해서 가공한다. 이 과정은 수확한 당일에 끝내야 하며, 효소를 비활성화시키는 살청부터 건조가 마무리되기까지는 3~4시간이 걸린다.

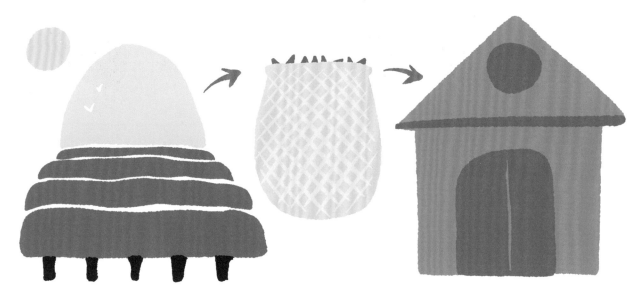

초청

대표적인 녹차 생산국인 중국과 일본은 각각 다른 방법을 선택해 특화시켰는데, 중국은 〈초청(덖기)〉을, 일본은 〈증청(찌기)〉을 선택했다.
먼저 세계 최대 녹차 생산국인 중국과, 일본을 제외한 대부분의 녹차 생산국에서 사용하는 초청법에 대해 알아보자. 이 방법은 명나라 시대(1368~1644)에 개발되었고, 수확 당일 몇 시간 안에 시행해야 한다.

❶ 살청(효소의 비활성화)

큰 솥 또는 벽면의 온도가 약 300℃의 고온까지 올라가는 원통형 기계에 찻잎을 넣고 2~3분 정도 덖는다. 찻잎이 열원과 직접 접촉하면 과일향, 구운 향이 나고, 녹색 잎의 풋내는 약해진다.

❷ 유념(柔捻, 비비기)

기계로 압력을 가하면 찻잎의 습도가 균일해지는데, 그 덕분에 다음 과정이 쉬워진다.

❸ 성형(成形)

찻잎을 말리면서 원하는 모양을 만들기 시작한다.

❹ 2차 덖기

이 과정이 처음 덖기와 다른 점은 차의 아로마적인 가능성을 최대한 끌어내는 과정이라는 것이다.

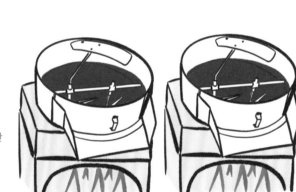

❺ 건조

이제 차나무 잎을 차로 가공하는 작업은 거의 끝났다. 그러나 보관하기 쉽도록 수분 함유율을 5%로 낮춰야 한다.

중국에서 생산된 차는 이러한 차 만들기(제다) 방식 덕분에 말려 있고, 꼬여 있고, 납작한 모양이다. 일본 녹차는 균일한 바늘모양이다.

재스민차

재스민차는 중국의 쓰촨과 푸젠 지역에서 주로 생산한다.
그 특징에 대해 알아보자.

재스민꽃으로 만든 차?

재스민차는 재스민꽃으로 만든 차가 아니다. 차는 원래 주변의 향기나 냄새를 쉽게 흡수한다. 그러니까 재스민차는 재스민꽃의 향기가 배어든 녹차이다.

하지만 시중에서 판매하는 재스민차 중에는 여러 가지 과정을 거친 뒤 장식으로 재스민꽃을 첨가한 차도 있다. 하지만 꽃이 차의 품질을 보증하는 것은 결코 아니며, 오히려 그 반대라고 할 수 있다. 재스민차의 품질은 오로지 사용한 꽃의 품질, 사용한 양, 그리고 찻잎과 꽃을 섞은 상태로 몇 밤을 지냈는지에 따라 달라진다.

여름과 가을에 피는 재스민

솥에 찻잎을 덖어서 녹차를 만든 뒤 재스민꽃이 피는 계절이 올 때까지 보관해둔다. 재스민은 저녁에 피는데, 이를 수확해서 봄에 만들어둔 녹차 로트 안에 넣는다.

이튿날, 시든 꽃을 제거하고 다시 저녁이 오면 같은 과정을 반복한다. 이와 같은 방법으로 여러 번 반복하여 신선한 재스민꽃과 녹차를 접촉시킨다. 접촉 횟수가 많을수록 재스민향이 차에 잘 배어들어 꽃이 없어도 재스민향이 난다. 이상적인 차와 꽃의 〈마리아주(Mariage, 조합)〉 횟수는 5~7번이고, 항상 신선한 꽃을 사용해야 한다.

또한 알맞게 균형을 이룬 차를 만들기 위해서는 주의가 필요하다. 지나치게 여러 번 향을 입히면 신선한 꽃은 차에 습기도 옮기기 때문에, 결과적으로 차의 품질이 떨어질 수 있다. 따라서 보관 상태에 주의를 기울여야 하고 건조시키는 과정도 필요하다.

꽃을 접촉시키는 과정이 모두 끝나고 로트에서 꽃을 제거하면 재스민차가 완성된다.

차에 어울리는 세 가지 꽃

다른 꽃들도 차에 향을 입히는 데 사용되지만, 재스민과 달리 여기서 소개하는 꽃들은
찻잎을 사용하지 않고 꽃을 직접 우려서 그 향을 즐긴다.

다마스크 장미

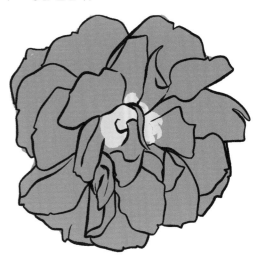

시리아 원산의 다마스크(Damask) 장미는 요리에도 자주 사용되는 꽃으로, 가장
많이 찾고 사랑받는 장미 품종 중 하나이다.
다마스크 장미는 2019년에 유네스코 인류무형문화유산으로 등재되었다(시리아
알 마라의 다마스크 장미와 관련된 공예와 관습).
지금은 세계 각지에서 재배되고 있는데, 불가리아, 터키, 이란, 모로코에서 주로
다마스크 품종을 재배한다. 시리아와 레바논에서 많이 마시는 허브차인 주후랏
(Zhourat, 아랍어로 〈꽃〉을 의미)은 말린 다마스크 장미꽃 봉오리로 만든다. 여기에
캐모마일이나 양아욱(Marshmallow), 버베나, 로즈메리, 타임과 같은 허브를 더
하기도 하며, 보통 설탕이나 꿀을 넣어 마신다.

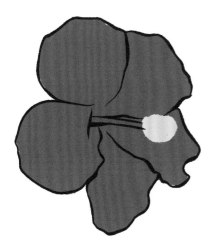

히비스커스

아프리카가 원산지인 히비스커스(*Hibiscus Sabdariffa*)는 열대 지역에서 자라는데, 여러 나
라에서 히비스커스꽃을 말려 허브차로 마신다. 예를 들어 이집트에서는 〈칼카데(Karkade)〉
라는 히비스커스 음료를 일상적으로 마신다. 뜨겁게, 또는 차갑게 마시는 이 허브차는 분홍
빛이 도는 붉은색으로, 시고 상큼한 맛이 난다. 라즈베리와 장미 향을 느낄 수 있고 꿀을 조
금 넣으면 무척 맛있다. 서아프리카에서는 히비스커스차를 〈비삽(Bissap)〉이라고 부르며, 태
국과 멕시코에서도 히비스커스차를 마신다. 구연산과 비타민C가 풍부한 히비스커스는 소염,
항무력증, 경련 억제 효과가 있다고 알려졌는데, 그 덕분에 최근 몇 년 동안 유럽에서도 유명
해졌다.

로만 캐모마일

캐모마일은 국화과 식물로 저먼 캐모마일, 로만 캐모마일, 다이어스 캐모마일 등이 있다. 그중
로만 캐모마일(*Chamaemelum nobile*)은 서유럽, 북아프리카, 아시아에서 볼 수 있으며, 향
기가 가장 진한 품종으로 허브차에 많이 쓰인다. 캐모마일의 꽃은 소염, 살균, 경련 억제, 상처
회복 효과가 있다. 프랑스에서는 앙주(Anjou) 지역에서 많이 볼 수 있는데, 캐모마일이 이 지
역의 규토질 토양을 좋아하기 때문이다. 캐모마일은 매우 기분 좋은 꽃향, 과일향, 신선한 향
이 난다. 꽃은 일반적으로 5~10월에 수확하며, 생으로 또는 말려서 사용한다. 프랑스 전역에
서 무게에 따라 판매하거나, 티백 형태로 판매한다. 캐모마일차는 전통적으로 과식 후 소화가
안 될 때나 저녁에 숙면을 위해 마시는 차이다.

푸얼차

중국 윈난성에 위치한 도시, 푸얼의 이름을 딴 푸얼차[普洱茶, 보이차]는 오랜 역사를 자랑한다.
카멜리아 시넨시스의 잎으로 만들며 〈흑차〉라고도 하는데, 〈생차(Raw Tea)〉와 〈숙차(Cooked Dark Tea)〉가 있다.

〈생〉 푸얼차

푸얼차의 원형으로, 숙차보다 더 오래되었다. 덖어서 만든 녹차를 숙성시킨 것이다. 다시 말해 생차는 채엽과 제다가 각각 다른 공간과 시간에서 이루어진다.

위조, 유념, 건조

먼저 찻잎을 덖어서 녹차를 만든다. 찻잎을 채엽한 뒤 일부 생산자들은 위조(萎凋) 과정을 진행하고, 어떤 이들은 그대로 유념(柔捻) 과정으로 넘어간다. 다음날, 찻잎을 햇빛에 말리는데, 이는 일종의 자연적인 덖기로 찻잎의 산화를 막아준다. 마지막으로 숙성 가능성을 유지하기 위해, 바로 소비하는 녹차보다 조금 더 습한 곳에 보관한다.

자연 숙성

그랑 크뤼(Grand Cru) 급 생차를 손에 넣기 위해 필수적인 단계로, 푸얼차의 특징을 만들어주는 과정이기도 하다. 생차는 〈숙성고〉 안에서 10~20년을 보낸다(생산자가 마음먹기에 따라 더 오랜 시간을 보내기도 한다). 이러한 숙성 과정은 통제된 산화를 일으켜 강한 아로마와 부드러운 맛이 만들어지고, 자극적인 맛은 줄어들며, 감칠맛이 발달한다.

〈숙〉 푸얼차, 또는 후발효차

숙차를 생산하기 시작한 것은 1970년대 말로, 생차에 대한 수요가 증가하면서부터이다. 오랜 시간 숙성고에 차를 보관하지 않아도 생차의 자연 숙성과 비슷한 효과를 내는 방법을 찾아낸 것이다. 숙차의 발효 과정(악퇴, 渥堆)에서도 매우 풍부한 아로마를 가진 차가 만들어진다.

악퇴발효

생차와 숙차의 공통된 제조 과정인 위조, 유념, 건조 과정을 거쳐서 발효에 들어간다. 찻잎에 물을 뿌리고 식물로 만든 덮개를 덮어 일정한 온도와 습도가 유지되는 방 안에 둔다.
며칠 뒤 찻잎을 휘저어 섞고 다시 덮개를 덮는다. 이 과정을 40~50일 동안 반복한다.
그런 다음 찻잎을 바닥에 펼쳐놓고 2~4주 정도 자연건조시킨다. 발효는 습기가 완전히 마를 때까지 계속되다가 자연적으로 멈춘다.

〈생차〉와 〈숙차〉의 차이점은?

생차

- 👁 **겉모습_** 산화에도 불구하고 호박색이 감돌며, 녹차와 비슷한 모습도 있다.

- 👁 **향과 맛_** 견과류향, 말린 허브향, 단맛, 복합적인 맛, 감칠맛 등. 시간이라는 마법이 선사하는 아로마.

숙차

- 👁 **겉모습_** 생차보다 색깔이 진하고 홍차처럼 보이기도 한다.

- 👁 **향과 맛_** 모든 과정이 제대로 진행되었다면, 생차와 비슷한 특징이 나타난다. 그러나, 박테리아에 의한 발효과정은 강한 흙냄새나 눅눅한 냄새를 만들어낼 수 있다.

잎차(산차) 또는 병차(긴압차)

푸얼차는 잎차 또는 산화를 억제하기 위해 납작한 덩어리로 만든 병차로 판매된다. 병차는 덩어리를 필요한 만큼 부숴서 차를 우려낸다.

센차

오늘날 〈센차[煎茶, 전차]〉는 찻잎이 가늘고 긴 바늘모양을 한 일본산 녹차를 말한다.
하지만 원래 센차는 차를 만드는 방법을 가리키는 말이었다.

〈덴차〉와 〈센차〉

일본에서는 만드는 방법에 따라 녹차를 덴차[碾茶, 연차]와 센차로 나눈다.

〈덴차〉는 한자가 의미하는 대로 〈맷돌로 가는 차〉를 말한다. 주로 맛
차를 만드는 데 쓰이며, 찻잎을 가루로 만들어 물에 타서 마신다.

〈센차〉는 〈달인 차〉를 의미한다. 찻잎을 끓는 물에 넣고 오랫동안 달여
서 향을 우려낸다.

왜 달여서 마셨을까?

증청법을 발명하기 전 찌지 않은 잎차는 원래 그대로 세포 구조가
파괴되지 않은 상태였기 때문에, 찻잎을 오랫동안 달여서 향
을 내야 했다. 그래서 옛날 농부들은 차를 마시기 위해 갓 딴
신선한 찻잎을 살짝 태워서 끓는 물에 넣었다고 한다. 찻잎
을 불에 그을리면 효소가 비활성화되고 진한 녹색도 사라
지지만, 여러 가지 향이 우러난다.

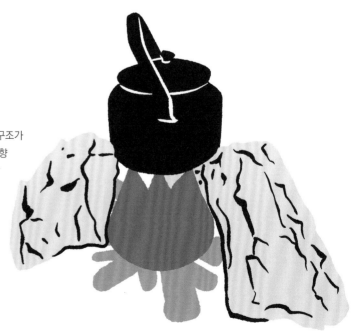

증청법

증청법(찌기)은 18세기 초반 교토와 나라 사이에 위치한 우지[宇治] 지역에서 시작되었다. 수증기의 열로 차나무 잎의 효소를 비활성화시키는 방법이다(p.56~57 참조).

초기 장인들은 수작업으로 증청 작업을 했는데, 찻잎을 넣은 바구니(아시아 식당에서 흔히 볼 수 있는 〈찜기〉의 일종)를 불 위에 올려서 찻잎을 쪘다.

20세기 초반에는 사람이 하던 작업을 대신할 수 있는 기계가 발명되었다. 오늘날 이 기계는 수작업으로 만드는 것보다 훨씬 더 많은 양의 차를 매우 짧은 시간 안에 만들 수 있다.

그러나 이것이 누구나 고품질의 차를 생산할 수 있다는 의미는 아니다. 기계는 분명 유용한 도구이지만, 장인들의 노하우가 없으면 최종적으로 생산되는 차의 품질은 보증할 수 없다.

복잡한 증청법

증청은 건조, 유념, 바늘모양 찻잎 성형과 연결되는 작업이다. 일부 장인들이 만들어낸 센차의 아름다운 〈침〉 모양은 찬사의 대상이 되곤 한다. 하지만 이러한 모양을 선택한 것은 실용적인 이유 때문이다. 사실 차를 만드는 차나무의 새싹, 잎, 줄기는 모두 모양이 다르다. 그런데 고품질의 차를 만들어내기 위해서는 모든 부분이 고르게 건조되어야 한다. 그래서 잎의 납작한 부분이 너무 빨리 마르지 않게 하면서, 동시에 가장 두껍고 둥근 모양을 한 줄기에 습기가 남지 않게 할 방법을 찾게 되었다.

균일한 모양의 찻잎

그래서 찾아낸 방법이 압착이다. 원래는 손으로 했던 작업으로, 찻잎을 가볍게 눌러서 비비는 유념 과정을 통해 가늘고 긴 바늘모양을 만들어낸다.

지금은 기계를 사용해 이 작업을 하는데, 찻잎의 모양이 균일할수록 더 쉽고 효율적인 건조가 가능하다.

또 다른 장점도 있다. 유념을 통해 찻잎의 세포구조가 파괴되면 찻잎이 부드러워지면서 차가 잘 우러난다. 따라서 차를 마시기 위해 더 이상 끓는 물에 찻잎을 넣고 달일 필요 없이, 우리기만 해도 충분히 만족할 만한 차를 마실 수 있게 되었다.

증청법이 발달하면서 〈센차〉라는 단어의 정의도 〈달인 차〉에서 〈증청법으로 만든 차〉로 바뀌었다.

품종

센차를 마셔본 적이 있는가? 전문점에 가면 여러 종류의 센차를 볼 수 있다. 그중 몇 가지를 시음해 보면 아마도 그 다양한 향기에 놀라게 될 것이다. 이러한 차이는 물론 수확시기(봄 수확, 여름 수확 등)에 따른 것이기도 하지만, 생산자와 재배 품종에서 비롯되기도 한다.

야부키타

〈야부키타[藪北]〉는 일본에서 매우 중요한 품종이다(인공적으로 개발된 품종). 스기야마 히코사부로(1857~1941)가 1908년에 이 품종의 시초가 된 차나무를 선발했다. 야부키타는 다양한 후각적, 미각적 특징이 있을 뿐 아니라 충분한 생산량도 보장되는 품종이다. 1960년대~1970년대에 걸쳐 일본인들은 기존의 차나무를 〈야부키타〉 품종으로 바꾸기 시작했다. 현재는 일본 전역에서 재배되고 있으며, 일본 차 생산량의 80%를 차지하고 있다. 균형이 잘 맞고 마시기 편한 차를 즐길 수 있다.

가나야미도리

〈S6〉 품종(전문가들은 공식적으로 등록되지 않은 품종을 알파벳 한 글자와 숫자를 조합한 이름으로 부른다)과 야부키타의 교배종이다. 가나야미도리[金谷緑]는 매우 튼튼한 품종으로 생산량도 풍부하며 야부키타보다 더 진한 과일향이 난다.

고슌

〈고슌[香駿]〉은 가나야미도리의 꽃가루를 구라사와[倉沢] 품종의 꽃에 묻혀서 교배시킨 품종으로, 야부키타와는 확연히 다른 아로마(아몬드, 크림 등)를 가진 차를 맛볼 수 있다. 고슌은 아직 매우 제한적으로 재배되지만 인기를 끌기 시작한 것은 분명하다.

소후

2002년에 등록된 소후[蒼風]는 최신 품종 중 하나이다. 과학자들이 예전부터 여러 가지 장점을 인정받은 야부키타와 〈인자츠[印雜] 131〉 품종을 교배시켜서 만들었다.
인자츠 131은 시즈오카의 연구자가 20세기 초에 들여온 〈아사미카〉 차나무 〈마니푸리(Manipuri) 15〉와 알려지지 않은 일본 차나무를 교배시켜 만든 품종이다. 대단히 흥미로운 아로마를 가진 녹차를 만들 수 있지만, 아사미카 품종의 영향으로 떫은맛이 강하다.
그런 인자츠 131과 진한 감칠맛이 있는 야부키타의 조합은 훌륭한 결과를 낳았다. 〈소후〉 품종은 꽃향기와 일본 차나무에서는 상당히 드문 풍미를 가진 녹차를 생산한다.

증청법 (증기로 찌는 방법)

일본에서 녹차를 만들 때 많이 사용하는 방법이다.
수확 당일, 3~4시간에 걸쳐 진행한다.

원리

초청법(솥에 덖는 방법)에 비해 에너지가 적게 든다. 사실, 증청이 진행되는 동안 찻잎은 100℃ 이상의 온도에 노출되지 않는다. 찻잎을 찌는 순간은 매우 짧지만(약 30초로 생산자에 따라 차이가 있다), 녹차의 품질을 결정짓는다.

- 찻잎을 찌는 시간이 지나치게 짧을 경우, 효소가 충분히 비활성화되지 않는다. 따라서 산화가 계속되어 일부 찻잎에 붉은색이 돌 수 있다. 그런 경우 차에 과도한 〈식물향〉과 〈풋내〉가 생기기도 한다.

- 완벽한 타이밍의 증청을 거치면, 맛과 향이 조화를 이룬 훌륭한 품질의 차가 완성된다.

- 찻잎을 지나치게 오래 찔 경우 효소는 완전히 비활성화되지만, 오랫동안 열기와 접촉한 찻잎은 향과 맛을 잃는다. 또한 더 약해지고 습기가 많아져서 결과적으로 부서지기 쉽다.

증청을 하면 찻잎이 열원에 직접 닿지 않아 몸에 좋은 성분(아로마, 비타민C 등)이 많이 남는다. 증기에 찐 찻잎은 여러 단계의 기계 처리 과정을 거친다.

❶ 살청(殺青, 효소의 비활성화)
찻잎을 증기로 찌면 증기의 열이 효소를 비활성화시킨다. 옛날에는 찻잎을 일종의 〈찜기〉에 넣고 쪘지만, 지금은 수증기가 지나가는 관을 통과시킨다.

❷ 조유(粗揉, 1차 건조)
찻잎을 기계가 발생시키는 뜨거운 공기의 흐름 아래에 두고 살짝 압력을 가한다. 찻잎의 수분을 부드럽게 증발시키는 과정이다.

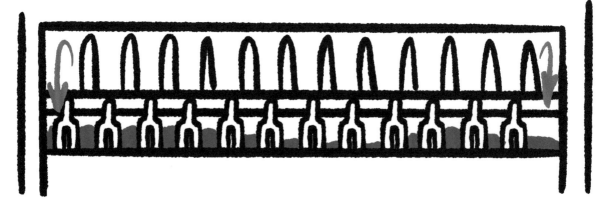

❸ 유념(柔捻, 비비기)
기계가 가한 압력에 의해 찻잎의 수분이 고르게 분포된다. 이 과정을 거쳐야 다음 단계를 쉽게 진행할 수 있다.

❹ 중유(中揉, 2차 건조)
중유기에서 2차 건조를 진행한다.

❺ 정유(精揉, 성형)
정유기에서 찻잎을 말리면서 바늘모양으로 성형을 시작한다.

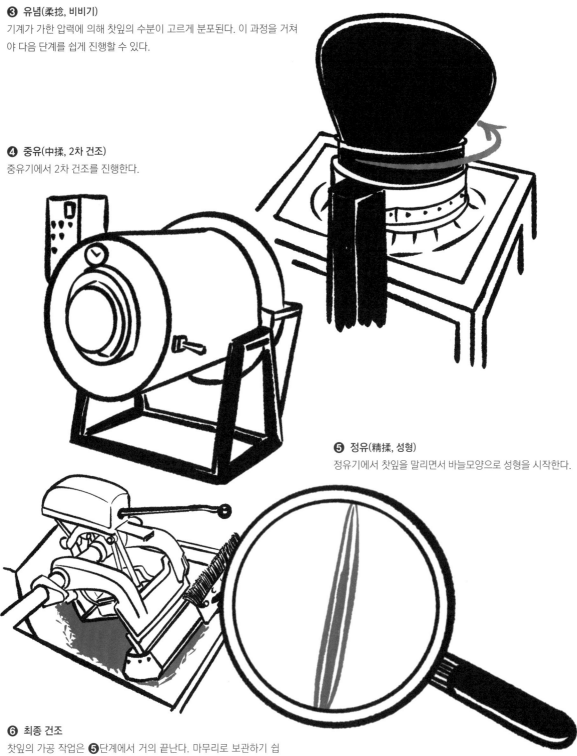

❻ 최종 건조
찻잎의 가공 작업은 ❺단계에서 거의 끝난다. 마무리로 보관하기 쉽도록 수분 함유율을 5%까지 줄인다.

차광재배

차광재배는 일본에서 차를 재배할 때 사용하는 기술이다.
교쿠로(옥로)와 맛차가 차광재배 방법으로 생산된다.
봄 수확 전, 약 4주 동안 차나무 위의 햇빛을 차단하고,
1년 중 나머지 기간은 자연스럽게 햇빛을 받으며 재배한다.

일본의 전통 기술

오늘날 일본의 여러 지역에서 시행되고 있는 차광재배는 14세기
에 교토 남부의 우지[宇治] 지역에서 시작되었다.
과학자들이 그 당시에 있던 차밭의 토양을 분석했는데,
여기서 대나무 지지대를 설치했던 것으로 추정되는 흔
적뿐 아니라, 햇빛을 가리는 데 필요한 볏짚과 갈대
의 흔적도 발견되었다.

맛에는 어떤 영향을 미칠까?

차나무가 정상적으로 해를 보고 자라면, 부드럽고 달콤한 감칠맛을
내는 것으로 알려진 테아닌이 빠르게 카테킨으로 변해 떫은맛이 생긴
다. 이 현상을 막는 것이 차광재배의 목적이다. 햇빛을 가리면 차나무
는 조금이라도 햇빛을 흡수해 광합성을 계속하려 노력하고, 땅에서
모든 에너지를 끌어와 광합성을 위해 더 많은 엽록소를 만들어낸다.

이렇게 엽록소가 축적된 찻잎은 차광재배를 하지 않은 차나무의 잎보
다 선명하고 진한 녹색을 띤다. 햇빛 부족은 차나무의 성장을 둔화시
켜서, 잎에 저장된 테아닌은 차광재배를 하지 않았을 때보다 느리게
카테킨으로 전환된다.

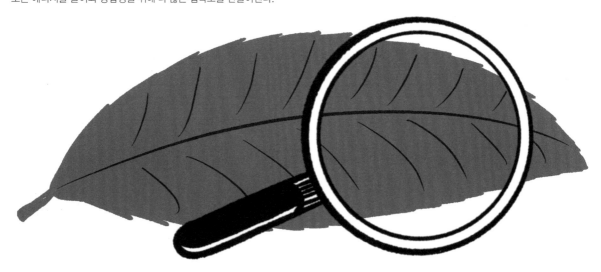

어떻게 할까?

차나무에 차광막을 덮어 햇빛을 가린다. 먼저 햇빛을 50% 정도 차단한 다음, 추가로 차광막을 덮어 98% 이상 차단한다.

지지대를 설치하는 경우

지지대는 차광막을 덮지 않을 때도 계속 설치해두기도 하고, 수확기간에만 일시적으로 설치하기도 한다. 지지대를 설치하면 차나무와 차광막 사이에 넓은 공간을 확보할 수 있다. 이 방법은 전통적인 방법으로 그늘 밑에서 온도를 일정하게 유지할 수 있기 때문에, 차나무가 편안하게 자라 좋은 품질의 찻잎을 생산할 수 있다.

지지대를 설치하지 않는 경우

지지대를 설치하지 않으면 차광막이 차나무에 직접 닿는다. 이 방법을 사용하는 생산자도 있지만, 지지대를 설치하는 방법보다 효율이 크게 떨어진다. 실제로 지지대 없이 차광막을 덮으면 내부에 열기가 차서 차나무가 스트레스를 받는다.

어떤 재질의 차광막을 사용할까?

원래 차광막은 자연적인 소재(갈대, 말린 볏짚 등)를 사용했지만, 오늘날 대부분의 생산자들은 갈대나 볏짚처럼 햇빛을 가려주는 효과가 있는 합성 소재로 만든 차광막을 사용한다.

가부세 차

<가부세[冠]>는 일본어로 <덮다>라는 뜻이다. 가부세 차는 차광재배로 생산하지만, 맛차와 교쿠로에 비해 차광기간이 짧다. 문제는 이 차광기간이 명확하게 정해져 있지 않다는 것이다. 하루이틀만 차광을 하고도 가부세라고 부르는 경우도 있다. 다시 말해 가부세 차의 품질은 편차가 크고 차광기간에 따라 다르다.

교쿠로

교쿠로[玉露, 옥로]는 〈귀한 이슬〉이라는 뜻의 일본 녹차이다.
최고급 차인 교쿠로는 오랫동안 상류층의 전유물로 맛차를 대신해왔다.

교쿠로의 유래

야마모토 가헤이는 19세기 전반에 활동한 일본의 차 도매상으로, 맛차 생산자와 손을 잡고 처음으로 교쿠로를 만든 사람이다. 전해지는 이야기는 다음과 같다.

어느 날 가헤이와 함께 일하던 맛차 생산자는 채엽할 구역이 너무 많아서 그중 한 구역의 채엽시기를 놓치는 바람에, 더 이상 품질 좋은 맛차를 만들 수 없게 되었다. 그러자 가헤이는 맛차용으로 재배한 찻잎을 그 당시에 이미 널리 알려져 있던 센차를 만드는 방법으로 가공하기로 했다. 그러니까 찻잎을 갈아서 가루를 만드는 것이 아니라, 유념하여 잎차를 만들기로 한 것이다. 이렇게 맛차 재배와 센차 가공법이 만나서 최초의 교쿠로가 탄생했다.

교쿠로일까 센차일까?

교쿠로와 센차 모두 바늘모양으로 찻잎을 성형하기 때문에, 두 가지를 혼동하기 쉽다.

그러나 숙련된 전문가들은 차광재배로 인해 센차보다 진한 교쿠로의 찻잎 색깔을 구분할 수 있다.

교쿠로를 만드는 과정은 센차(p.52~54 참조)와 같다. 차이가 생기는 것은 재배 단계인데, 교쿠로는 차광재배를 하지만 센차는 일반적인 방법으로 재배한다.

교타나베 교쿠로와 시고키 채엽

교타나베[京田辺]는 일본 차 문화의 역사적 요람인 우지[宇治] 지방의 도시이다. 교타나베에서 생산된 교쿠로는 일본 국내 대회에서 많은 상을 받았으며 최고의 교쿠로로 꼽힌다.

교타나베산 차의 뛰어난 품질은 여러 가지 이유로 설명할 수 있지만, 수작업 채엽 기술인 〈시고키[しごき]〉가 그중 가장 설득력 있는 이유이다. 일반적인 채엽방법은 줄기와 함께 처음 두세 장의 찻잎을 따지만,

〈시고키〉는 찻잎을 한 장 한 장, 줄기 없이 채엽한다. 그래서 일반적인 수작업 채엽보다도 훨씬 더 많은 시간이 소요된다.

이 방법에는 여러 가지 장점이 있다. 그중 하나는 겉모습인데 진한 녹색을 띤 찻잎(줄기는 항상 잎보다 색이 옅다)이 무척 아름답고, 품질도 고르다. 또 다른 장점은 맛으로, 진하게 응축된 감칠맛을 느낄 수 있다(잎에는 줄기보다 더 많은 아미노산이 들어 있다).

나쓰메 소세키

나쓰메 소세키(1867~1916)는 일본의 유명한 소설가 중 한 사람이다. 그의 작품 대부분은 세계 여러 나라의 언어로 번역되었다. 차를 사랑했던 소세키는 『문인의 생활』이라는 수필에서 다음과 같이 썼다. 〈나는 센차가 맛있다고 생각한다. 그러나 나는 내 힘으로 맛차를 만들지는 못한다.〉

『풀베개』라는 소설에서는 차를 마시는 것을 이렇게 묘사했다. 〈보통 사람들은 차를 마시는 것으로 알지만 그것은 틀렸다. 혀

끝에 살짝 떨어뜨려 맑은 기운이 사방으로 퍼져나가면, 목으로 내려가야 할 액체는 거의 남지 않는다. 그저 그윽한 향이 식도에서 위로 스며들 뿐이다.〉

이 묘사는 감칠맛을 즐기기 위해 어느 정도 집중이 필요한, 교쿠로를 시음하는 방법과 완벽하게 일치한다. 소세키에게 차는 소통의 수단이었다. 그의 작품 속 인물들은 언제나 한 잔의 차 앞에서 자신의 캐릭터를 더 명확하게 드러낸다.

맛차

맛차[抹茶, 말차]는 가루 형태의 차로 상류층 사람들이 다회에서 마시던 차이다.
옛날에는 재래식 도구(찜기, 화로, 체 등)를 갖춘 장인들이 만들었는데,
지금은 품질은 동일하지만 기계화된 방식으로 맛차를 생산한다.

호리이식 덴차제조기

1924년 호리이 조지로는 멧돌로 갈아서 〈맛차〉를 만드는 데 사용하는 덴차[碾茶, 연차]를 빠르게 만들 수 있는 기계를 발명했다.
덴차제조기는 바람의 힘으로 찻잎을 뿜어 올려 서로 분리시킨 다음, 유념이나 성형 없이 약 200℃에서 말린다(기계를 사용하기 전에는 건

조 온도가 110~120℃밖에 되지 않았다).
이 기계 덕분에 더 많은 양의 차를, 더 우수하고 균일한 품질로 생산할 수 있게 되었다. 호리이식 덴차제조기의 개발은 당시로서는 엄청난 발전이었다.

맛차 만드는 과정

맛차를 만드는 과정은 살청 외에는 다른 녹차를 만드는 과정과 다르다.

❶ 살청(殺靑, 효소의 비활성화)
찻잎을 증기로 찐다. 증청법으로 녹차를 만드는 것과 같은 과정이다.

❷ 건조 준비
송풍 시스템이 있는 기계 속에 찻잎을 넣어 바람의 힘으로 붙어 있던 찻잎이 서로 떨어지게 한다. 효율적이고 균일한 건조를 위해 찻잎을 떨어트려야 한다.

❸ 건조
찻잎은 3단 컨베이어 벨트 위에서 천천히 건조된다.

❹ 최종 건조(열처리)
찻잎 가공은 거의 끝났지만 보관을 위해 수분 함유율을 5%까지 줄여야 하므로, 다른 기계로 이동하여 건조한다.

덴차? 또는 맛차?

❶~❹의 과정의 거쳐 기계에서 나온 찻잎을 〈덴차〉라고 부른다. 분쇄가 끝나야 〈맛차〉가 된다.

맛차 가공

이 과정은 수확 직후에 이루어지기도 하지만, 일부 생산자들은 몇 주가 지난 뒤에 시작하기도 한다.

❶ 절단

덴차를 작은 조각으로 자른다.

❷ 정리

잎맥, 줄기를 제거한다. 새싹도 마찬가지이다(잎맥과 줄기가 있는 경우).

❸ 최종 건조

찻잎에 잠재되어 있는 아로마를 끌어내고, 오래 보관할 수 있게 만드는 과정이다.

맷돌 분쇄

맷돌 분쇄 과정 또한 다른 과정만큼 중요하다. 옛날에는 손으로 직접 맷돌을 돌렸지만, 현재는 기계화되었다(1920년 이후). 그러나 여전히 같은 종류의 맷돌을 사용하고 있으며, 어떤 현대적인 기계도 더 좋은 결과를 내지 못했다.

최상의 품질을 위해 맷돌은 분당 52~54번 회전해야 한다. 주의할 점은 맷돌을 너무 빨리 돌리면 맛차에서 쓴맛이 나고, 너무 천천히 돌리면 산화가 촉진되어 차의 아름다운 녹색이 사라지는 것이다. 맷돌 1대에서 1시간에 얻을 수 있는 맛차의 양은 30~40g밖에 되지 않는다.

덴차에서 맛차까지

맛차를 마시기 시작한 것은 매우 오래전의 일인데, 맛차를 만들기 직전에 맷돌로 덴차를 갈았다.

맛차 판매가 대중화된 것은 20세기 초반으로, 모든 소비자들이 덴차를 가는 데 필요한 맷돌을 가지고 있지는 않기 때문에 맛차는 대부분 가루로 판매한다.

좋은 맛차를 고르는 방법

〈맛차〉라고 불리기 위해서는 3가지 조건을 충족시켜야 한다.

- ☞ 차광재배
- ☞ 1년에 1번 수확(첫 번째 봄 수확)
- ☞ 맷돌 분쇄

옛날에는 모든 생산자가 위의 조건을 당연하게 지켰다. 그러나, 수요의 증가(특히 제과나 요리에서 맛차 사용 증가)로 많은 맛차들이 이 조건 중 한 가지 이상을 지키지 않은 채 생산되고 있다.

그렇게 만든 맛차의 품질은 전통적인 맛차와는 거리가 멀고, 때문에 가격 면에서 크게 차이가 날 수 밖에 없다. 그런데 맛차 라벨에는 어떤 설명도 없기 때문에, 여기서는 품질 좋은 맛차를 고르는 몇 가지 기준을 소개한다.

- ☞ 카키색이나, 누런색, 밤색 또는 연한 녹색이 아닌, 선명한 초록색을 띤 차
- ☞ 얼굴을 찌푸리게 하지 않는 감칠맛
- ☞ 고운 분말
- ☞ 일본산

1   **2**   **3**

보관

일단 가루가 된 맛차는 다른 잎차보다 더 쉽게 품질이 저하되므로, 밀폐 가능한 비닐이나 용기에 담아 서늘한 곳에 보관한다.

요리용 맛차?

굳이 요리용 맛차를 따로 구입할 필요는 없다. 대개는 맛을 기대하기 어려운, 대량 생산된 차이기 때문이다. 평소에 마시는 맛차를 요리에 사용하면 된다. 전통 맛차의 풍부한 아로마와 섬세한 쓴맛은 비할 데가 없을 뿐 아니라, 짭짤한 요리나 달콤한 요리에 모두 잘 어울린다.

호지차(볶은 녹차)

호지차[焙じ茶]는 일본 녹차의 일종으로 증청 외에도 추가 공정이 필요하다.
바로 찻잎을 볶는 로스팅이다.

봄 또는 여름 수확

호지차에도 여러 종류가 있는데, 그 가치와 특징은 로스팅한 녹차의
품질에 따라 달라진다. 보통은 여름에 수확한 녹차를 사용하지만, 최
고급 호지차는 봄에 수확한 녹차로 만든다. 호지차는 보통 센차처럼
새싹과 잎으로 만들지만, 줄기로 만들 수도 있다. 줄기로 만든 호지차
는 맛이 더 부드럽다.

로스팅의 효과

로스팅은 녹차에 여러 가지 영향을 미친다. 먼저, 색이 변한다. 원래
의 녹색이 밤색으로 변하는 것이다. 향 또한 변한다. 처음에는 풀향이
나지만, 구운 헤이즐넛향이 느껴지는 나무향으로 변한다. 또한 카페
인 함량이 줄어들어 거의 없어진다. 찻잎의 양이 적을 때는 도자기팬
으로 로스팅할 수도 있지만, 보통은 기계를 사용한다.

커피 로스팅과 마찬가지로, 호지차 로스팅도 적절한 타이밍에 멈추
는 것이 중요하다. 지나치게 일찍 멈추면 호지차의 향이 충분히 발달
하지 못하고, 차에서 녹차 맛이 난다. 지나치게 오래 볶으면 호지차의
향이 매우 진해지지만, 기분 나쁜 탄맛이 강하게 난다.

줄기만으로 만든 호지차?

대개 호지차는 새싹과 그 아래 2~3장의 잎, 그리고 줄기로 만든다. 그러나 오직 줄기로만 만드는 호지차도 있다. 이 경우에는 거의 카페인을 함유
하지 않으며 매우 섬세한 맛이 난다. 만약 모든 품질 기준을 잘 지켰다면, 카페인이 없고 자연스러운 단맛이 도는 차를 마실 수 있다.

녹차와 미식

점점 더 많은 셰프와 파티시에들이 차의 가치를 높이 평가하며, 요리나 디저트에 차를 사용하고 있다. 몇 가지 예를 소개한다.

유명한 쇼콜라티에 장-폴 에벵(Jean-Paul Hévin)은 〈그랑 크뤼〉급 센차에 대해 잘 아는 차 애호가로, 파리 마레지구에 있는 초콜릿 바(41, rue de Bretagne)의 메뉴로 녹차를 사용한 핫초콜릿을 선보였다.

2016년 11월, 우지의 차밭 풍경을 유네스코 인류무형문화유산에 등재시키기 위한 프랑스-일본 협회가 출범했을 때, 파리의 미쉐린 3스타 레스토랑 〈르 셍크(Le Cinq)〉의 셰프 크리스티앙 르 스케(Christian Le Squer)는 음식과 녹차의 조합을 베이스로 한 디너 메뉴를 만들었다.

3스타 셰프인 안느-소피 픽(Anne-Sophie Pic)은 프랑스 남동부의 발랑스에 있는 자신의 레스토랑 메뉴로 맛차, 호지차 또는 메밀차 같은 일본차를 포함시켰다.

레스토랑 〈아스트랑스(Astrance)〉의 셰프인 파스칼 바르보(Pascal Barbot)는 3스타를 유지하고 있던 2018년 8월, 최고급 맛차를 만드는 과정을 배우기 위해 직접 우지를 방문했다.

마지막으로 야닉 알레노(Yannick Alléno) 셰프와 오카자키 야스나리[岡崎 泰也] 셰프는 파리의 2스타 레스토랑이자 일본 미식의 명소인 〈라비스(L'Abysse)〉에서 매우 희귀한 일본차 메뉴와, 술을 마시지 않는 손님들을 위한 음식과 차의 페어링 메뉴를 제공하고 있다.

겐마이차

중국이 차와 재스민꽃을 블렌딩했을 때, 일본은 차와 쌀을 섞어보기로 했다.
겐마이차[玄米茶, 현미차]는 센차와 볶은 쌀을 같은 비율로 섞어서 만든다.

짧은 역사

쌀은 일본에서 2천 년 넘게 재배되었고 수 세기 동안 일본인의 주식이었다. 그래서 쌀과 차의 조합은 당연해 보일지도 모른다. 그러나 이 조합이 시작된 것은 겨우 1930년대부터이다. 떡조각을 구워서 녹차에 섞는다는 아이디어를 낸 교토의 차 도매상에 의해 겐마이차가 만들어졌다. 이후 차 상인들이 떡을 구운 쌀로 대체해서 제조과정을 단순화하였다.

겐마이차는 성공을 거듭했고, 지금은 대부분의 차 전문점에서 겐마이차를 구입할 수 있다.

겐마이차의 품질

겐마이차의 품질은 당연히 쌀과 차에 달려 있다.

- **차_** 보통 여름에 수확한 차를 쓰지만, 최고급 겐마이차는 봄에 수확한 차를 쓴다(아로마가 더 풍부하고, 떫은맛은 약하다).
- **쌀_** 쌀의 품질은 볶는 시간에 따라 달라진다. 너무 일찍 불에서 내리면 향이 충분히 발달하지 못하고, 너무 오래 볶으면 쌀알이 팝콘처럼 터져서 아로마의 일부를 잃게 된다.

대중적인 차부터 마니아를 위한 차까지

겐마이차는 원래 일상적으로 마시는 차로 그다지 비싸지 않은 재료(두 번째 수확한 찻잎과 일반 멥쌀)로 만들었다.

겐마이차가 일본에서 인기가 많아지면서 외국에서도 빠르게 퍼져나갔는데, 그로 인해 겐마이차의 품질이 향상되었다. 약 15년 전부터는 품질과 농산물 이력 관리를 위해 첫 번째 수확한 찻잎으로 만든 녹차로 겐마이차를 만드는 경우도 생겨났다.

개인적으로는 이런 제품들을 좋아하기 때문에, 시즈오카의 생산자가 첫물 녹차와 〈밀키퀸〉 품종의 쌀을 사용해서 만드는 겐마이차를 즐겨 마신다.

어떤 쌀을 사용할까?

겐마이차에 사용하는 쌀은 보통 밥을 지을 때 사용하는 것과 같은 멥쌀이다. 멥쌀 품종 몇 가지를 소개한다.

- **고시히카리_** 일본에서 가장 많이 재배하는 쌀(전체 쌀 재배 면적의 1/3)로, 맛이 매우 좋다.
- **밀키퀸_** 고시히카리의 일종. 매우 찰진 쌀로, 수십 년 전부터 먹은 쌀이다.
- **아키타코마치_** 이 품종의 재배 비율은 일본 전체 쌀 재배 면적의 7%밖에 되지 않는다. 이 품종이 태어난 도호쿠 지역에서 주로 재배한다.

멥쌀말고 다른 종류의 쌀도 있다. 바로 떡을 만드는 데 사용하는 찹쌀이다.

찹쌀의 전분은 (가열하면 물 분자를 잘 흡수하는) 아밀로펙틴으로만 이루어져 점착성이 강하다. 이처럼 찹쌀과 멥쌀은 시각적으로나 미각적으로 다르기 때문에, 찹쌀로 겐마이차를 만들기 위한 많은 연구가 진행 중이다.

황차

중국에서 생산되는 황차는 무척 귀하며, 노란색을 띠어서 황차라는 이름이 붙었다.
예전에는 황제만 마시는 차였지만, 요즘은 외국의 국가 정상들에게 선물하는 차이다.
구하기가 무척 어려워 일반 사람은 고위급 인사를 알고 지내는 경우가 아니라면 맛보기 힘들다.

어떻게 생겼을까?

황차는 녹차와 무척 비슷한데, 가벼운 산화를 거쳐 노란색을 띤다. 무척 섬세한 차로 녹차를 연상시키지만 더 부드러운 향이 난다. 가장 유명한 황차 중 하나인 준산인전[君山銀針, 군산은침]은, 후난성에서 생산된다.

차 만들기 과정(제다 과정)

❶ 채엽

1년에 단 한 번, 초봄에 최상의 새싹만 채엽한다.

❷ 살청(殺靑, 효소의 비활성화)

녹차와 마찬가지로 초청법으로 찻잎을 덖는다. 그러나 녹차의 경우에는 300℃로 고온의 열을 가하지만, 황차는 100℃ 정도(절대로 130℃를 넘지 않는다)로 낮은 온도에서 세심하게 주의를 기울여서 초청 작업을 진행한다.

❸ 초홍(初烘, 1차 건조)

숯을 피워 열을 가해 잎을 천천히 말리는데, 숯 특유의 향이 배어들지 않도록 주의한다. 이 과정은 24시간 동안 진행된다.

❹ 4일간의 산화

산화 과정은 황차의 아로마 특성을 만드는 데 결정적인 역할을 하는 복합적인 과정이다. 자세한 내용은 알려져 있지 않지만, 간단히 말해 산화를 일으키는 휴지 과정이라고 할 수 있다. 첫째 날, 찻잎을 1kg씩 나눠서 종이로 감싼 뒤 도자기 단지에 넣는다. 이 도자기를 산화가 일어날 정도로 온도와 습도가 충분히 높은 장소에 두고 산화를 일으킨다. 둘째 날에는 단지를 열고 찻잎을 꺼내 종이를 제거하고 열을 가해서 찻잎을 말린다. 그리고 다시 나누어서 종이로 감싼 뒤 단지 안에 보관한다.
셋째, 넷째 날에도 같은 과정을 반복한다. 넷째 날에는 종이를 완전히 제거하고 건조 과정으로 넘어간다.

❺ 최종 건조

산화를 중단시키고 찻잎의 상태를 안정시켜서 차를 우려낼 수 있게 만든다.

백차

백차는 주로 중국의 푸젠과 윈난, 두 지역에서 생산된다.
은은한 아몬드와 바닐라의 뉘앙스가 있다.

어떻게 생겼을까?

새싹과 어린잎에는 흰 〈솜털〉이 있는데, 이 솜털은 자라면서 사라진다. 고급 백차를 우려내면 작은 입자가 보이는 이유이다. 〈백차〉라는 이름이 붙은 이유는 그 은은한 광택과 살짝 황금빛이 도는 흰색 때문이다. 백차를 만들 때는 보통 새싹만 사용하고 가공을 거의 하지 않기 때문에, 일부 백차는 매우 구하기 힘들고 가격도 비싸다.

차 만들기 과정(제다 과정)

❶ 채엽

새싹만 채엽하는데, 아주 어린잎이 붙어있는 경우 함께 채엽하기도 한다.

❷ 위조(萎凋, 시들리기)

일정 시간 동안 찻잎을 쟁반 위에 깔아둔다. 기간과 방법은 생산자에 따라 다르다. 이렇게 찻잎을 〈잊어버리는〉 동안 매우 가벼운 산화가 일어난다. 단순해 보이는 이 과정이 사실은 매우 중요하다. 위조가 제대로 이루어지지 않으면, 풀맛만 나는 차가 된다.

❸ 건조

찻잎을 햇빛에 말린다(지금도 일부 생산자들은 기계를 사용하지 않는다). 녹차, 홍차, 우롱차와 달리, 백차를 만들 때는 초기 단계에 열을 가해(초청 또는 증청) 찻잎의 자연적인 산화를 막지 않는다. 산화를 막는 것은 백차 제다의 마지막 과정에서 이루어지는데, 햇빛이나 기계를 이용해 찻잎을 건조시켜 산화를 중단시킨다.

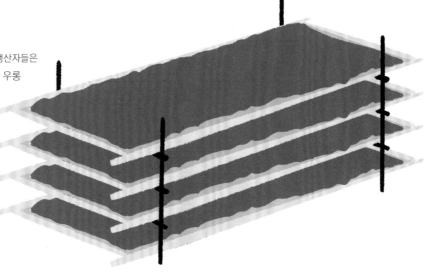

우롱차

우롱차[烏龍茶, 오룽차]는 녹차와 홍차 사이에 위치하는 차로,
산화를 진행하다가 홍차가 되기 전에 중단시킨다.
우롱차는 중국의 푸젠, 광둥과 타이완 등 매우 제한된 지역에서 생산된다.

다양한 우롱차

산화 정도에 따라 주로 두 가지로 나눈다.

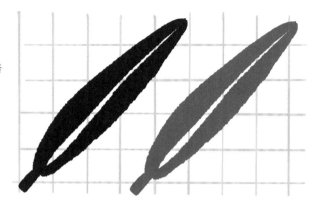

- 가볍게 산화시켜 녹차에 가까운 우롱차. 찻잎은 원래의 녹색을
  유지하고 있지만 아로마가 더 풍부하다(예를 들면 꽃향).
- 홍차에 가까운 우롱차. 잘 익은 과일향과 꽃향이 난다.

차 만들기 과정(제다 과정)

홍차와 마찬가지로 이틀에 걸쳐 진행된다.

❶ 위조(萎凋, 시들리기)

수확한 찻잎을 20~40분 정도 햇빛에 말린다. 녹차, 홍차와 달리 새싹
은 사용하지 않는데, 지나치게 강한 맛이 나는 것을 피하기 위해서이
다. 이 과정을 통해 풍미가 부드러워지고 전체적으로 조화를 이룬다.

❷ 요청(摇青, 흔들기)

위조가 끝나면 찻잎을 실내로 옮겨서 휴지시킨다. 그런 뒤 대나무 채
반 위에 찻잎을 깔고 약 1시간마다 흔들어 섞어서 산화가 고르게 일
어나도록 자극한다. 그리고 다시 선반 위에서 휴지시킨다. 이렇게 섞
기와 휴지를 10시간 동안 번갈아 진행한다. 이때 찻잎에 땀처럼 물이
맺힌다고 해서 이 과정을 〈발한(Sweating)〉이라고 부르기도 한다.
수확기에는 작업이 밤에도 이어진다. 요청은 차의 품질을 위해 매우
중요한 과정으로, 섞는 동작도 정해진 단순 동작이 아니라 생산자마
다 각자의 독자적인 기술이 있다. 이 동작은 찻잎의 아로마적 잠재력
을 깨우기 위한 일종의 마사지라고 할 수 있다.
찻잎을 섞는 손놀림이 별것 아닌 것처럼 보일 수도 있지만, 그 동작을
하는 장인에 따라 전혀 다른 결과를 가져온다.

❸ 살청(殺靑, 효소의 비활성화)

효소 반응을 중지시키기 위한 과정이다. 큰 솥이나 원통형 기계에 찻잎을 넣고 효소를 비활성화시킨다. 8~15분 정도 걸린다.

❹ 유념(柔捻, 비비기)

기계를 사용해 찻잎에 압력을 가해 찻잎을 부드럽게 만든 뒤, 조금씩 잎모양을 잡아준다.

❺ 건조

열풍기 안에 찻잎을 넣고 60~80분 정도 말린다.

두 번의 수확기

보통 봄에 수확한 차를 최고로 치지만, 주로 잎만 사용하는 우롱차의 경우 〈겨울〉에 수확한(실질적으로는 10~11월에 수확한다) 차도 그에 못지 않게 좋은 평가를 받는다. 사실, 우롱차는 독특한 향을 즐기기 위해 마시는데, 이는 잎에서 벌어지는 매우 활발한 효소작용과 관련이 있다.

큰 일교차가 효소를 자극한다

1970년대 후반 일본에서 진행된 연구에 따르면, 찻잎 속 아로마를 발달시키는 효소는 하루의 일교차가 클 때 활성화되었다.
1년 중 이 현상이 나타나는 시기는 봄과 우롱차의 〈겨울〉 수확이 진행될 무렵이다. 지리적 위치도 마찬가지로 큰 일교차를 만들어내는 데 한몫을 하기 때문에, 우롱차는 고도가 높은 산간 지역에서 생산된다.

홍차

서양인들은 녹차를 먼저 발견했지만, 결국 그들의 문화 속에 완전히 자리를 잡은 것은 홍차였다.
여기에는 여러 가지 이유가 있는데, 보관이 쉽고
미네랄이 많이 함유된 서양의 물에 우리거나 우유를 섞으면 맛있기 때문이다.

차 만들기 과정(제다 과정)

홍차 제다에는 이틀이 걸린다.

❶ 위조(萎凋, 시들리기)
수확한 찻잎은 실내에서 15~20시간 정도 휴지시켜 수분을 일부 날린다.
이때 효소가 반응을 시작한다.

❷ 유념(柔捻, 비비기)
분리된 찻잎에 기계로 압력을 가해 산화가 골고루 일어나게
한다. 유념은 45~90분 정도 진행된다. 홍차의 유념은 녹
차와 달리 잎모양을 만드는 것이 아니라 산화반응이 쉽게
이루어지도록 세포를 파괴하는 것이 주된 목적이다.

❸ 해괴(解塊, 풀기)
해괴는 유념 후 덩어리진 찻잎을 다시 풀어주는 과정이다.

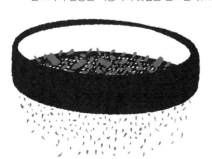

❹ 산화(酸化)
산화가 일어나기 좋은 환경(온도 25~28℃, 습도 80~90%)에서 찻잎을
휴지시킨다. 1~3시간 정도 진행된다.

❺ 건조
건조기의 열풍을 이용하여 찻잎을 건조한다(40~60분).

❻ 선별
체를 이용해 부서진 찻잎을 제거하고 균일한 크기의 찻잎을 로트에 담는다. 작은 로
트 여러 개에 나눠 담을 수도 있다.

〈CTC〉 가공법

CTC 가공법은 1930년대에 아삼의 다원 관리인이었던 윌리엄 맥커처(William McKercher)가 짧은 시간에 생산량을 늘리기 위해 개발한 방법이다. 홍차의 유념 과정에 CTC(Crush, Tear, Curl = 부수기, 찢기, 말기) 머신을 사용하는데, 그러면 찻잎 전체가 부서지고 작은 조각이 되어 산화는 20~40분밖에 걸리지 않는다. 이 방법으로 생산된 차는 주로 티백에 사용된다.

홍차 용어

홍차(인도 또는 다른 나라에서 생산된)는 찻잎의 모양으로 분류한다. 영국인들은 용도를 분명히 하기 위해 품질에 기반한 분류 체계를 만들었다.

OP(Orange Pekoe, 오렌지 페코)

〈페코〉는 중국어로 새싹을 의미한다. 새싹과 어린잎을 덮고 있는 솜털은 자라면서 없어지므로, 솜털이 있다는 것은 차의 품질이 좋다는 것을 의미한다. 〈오렌지〉는 차를 물에 우렸을 때 나타나는 물 색깔에서 유래되었다. 또는 유럽에서 차를 수입하는 데 중요한 역할을 했던 네덜란드의 오라녜-나사우(Orange-Nassau) 왕가에서 따온 이름이라는 주장도 있다. 그렇다면 이 차는 왕실의 전유물이었을 것이다. OP 등급의 차는 1~2cm의 어린잎으로 이루어져 있으며 부드럽게 우러난다. 균형이 잘 맞기 때문에 차의 순수하고 복합적인 풍미를 선명하게 느낄 수 있다.

BOP(Broken Orange Pekoe, 브로큰 오렌지 페코)

한 번 부순 찻잎의 크기는 2~3mm 정도이다. BOP 등급의 차는 OP 등급보다 더 빨리 우러나기 때문에, 2~3분이면 충분히 우려낼 수 있다.

Broken(브로큰)

1분~1분 30초면 충분히 우러나며, 그 이상 우리면 차의 쓴맛이 지나치게 진해진다.

F(Fannings, 패닝)

작은 조각을 의미한다. BOP 등급에 사용되는 찻잎보다 크기가 더 작다(약 1mm). 빨리 우러나기 때문에 티백용으로 사용하기 좋다. 진하고 떫은맛이 강해서 우유를 섞으면 잘 어울린다.

Dust(더스트, 먼지)

티백용으로만 쓰이며 맛이 매우 강하다. 지나치게 오래 우리지 않도록 주의한다.

전문업자들의 거래

보통은 일반인이 생산자에게 직접 차를 사는 것은 불가능하다.
차는 상점에 도착하기 전, 차를 직접 또는 경매에 참가하여 로트 단위로 구입하는 도매상을 거친다.

경매

차 경매는 오직 전문업자들만 참가할 수 있는 시장에서 열린다. 차 산지마다 경매시장이 존재하는데, 생산기간 동안 생산자들은 날마다 경매에 참가해 자신들이 만든 차를 판매한다. 도매상은 품질 평가가 끝나면 차의 가치를 평가하고 값을 매긴다. 해당 차에 관심을 보이는 구매자들이 많을수록, 판매가가 올라가므로 생산자가 유리해진다. 그러나 경매 시스템이 거래 성사를 완전히 보장하는 것은 아니다.

도매상과 생산자의 직거래

도매상과 생산자의 직거래 형태는 무척 다양하다. 정식으로 계약한 거래, 또는 계약하지 않은 거래, 꾸준한 거래에 기반해 정한 구매 약속 등이 있을 수 있다. 생산자에게 이러한 거래는 자금 확보를 의미한다. 가격은 달라질 수 있지만 판매가 보장되기 때문이다. 도매상의 입장에서 도 판매할 차가 확보되면 계획을 세우기가 쉽다. 또한 장기적인 관계는 차의 품질을 개선시킬 수 있다. 판로를 확보한 생산자는 투자 역량이 생기기 때문이다. 도매상과의 거래로 생산자는 시장의 흐름과 소비자의 취향을 알고, 기대에 부응하는 방향으로 생산 계획을 세울 수 있다.

시즈오카 차 시장의 독특한 풍경

일반적인 경매와 달리 1:1로 거래가 이루어진다. 한쪽에는 생산자(녹색 모자), 반대쪽에는 도매상(파란색 모자)이 있고, 시장 직원(노란색 모자)이 중개한다. 이들은 각각 모자의 색깔로 구분할 수 있다.
도매상들은 높은 가격으로 거래가 성사될 때까지 생산자를 찾아 돌아다니다가, 거래가 성사되면 박수를 연거푸 세 번 친다.

스칼라 가문

동양의 전통적인 차를 서양에 전하기 위해 노력했던, 차에 대한 열정으로 유명한 프랑스의 스칼라 가문에 대한 이야기이다.

1898년 영국인 조지 캐넌(George Cannon)은 프랑스인 아내와 결혼하여 파리에 자신의 이름을 딴 차 무역회사를 설립했다. 당시 서양의 차 무역은 일반적인 품질의 차를 중심으로 이루어졌고, 시장은 몇몇 대기업들이 나누어 장악하고 있었다. 조지 캐넌은 십여 종류의 차를 신중하게 선택했는데, 이 차들은 빠르게 품질을 인정받았다.

앙드레 스칼라(André Scala)는 1968년에 사망하기 전 이미 렐레팡(L'Éléphant)사를 통해 차 무역을 시작했는데, 오랫동안 꼼빠니 꼴로니알(Compagnie Coloniale)사를 경영해온 아들 레이몽에게, 조지 캐넌의 회사 조르주 카농(조지 캐넌의 프랑스식 발음)을 사들일 것을 권유했다. 1975년에 조르주 카농의 경영권을 인수한 레이몽 스칼라(Raymond Scala)는 처음으로 윈난의 홍차, 푸얼차, 중국과 타이완의 우롱차를 프랑스에 소개했을 뿐 아니라, 테루아와 수확시기가 각각의 차에 독특한 개성을 부여한다는 사실도 널리 알렸다.

전문성과 감별능력을 인정받은 레이몽은 자신의 아들 올리비에 스칼라(Olivier Scala)를 가르쳤고, 올리비에는 1978년 가족 사업에 합류했다. 올리비에는 양질의 차를 다양하게 소개하기 위해 40년 동안 차 산지를 돌아다녔다. 예전에는 전문가들만 까다롭게 선별된 질 좋은 차를 접할 수 있었지만, 그 이후로 지금까지 조르주 카농의 매장은 파리의 모든 시민에게 열려 있으며 인터넷으로도 주문이 가능하다. 올리비에의 아들 오귀스텡(Augustin)은 대를 이어 차 도매 사업을 계속하고 있으며, 2018년에 조르주 카농의 대표가 되었다.

하지만 올리비에 스칼라는 은퇴하지 않고 계속 아들을 돕고 있는데, 어느 날 그는 차를 두 모금 마시는 사이에 다음과 같이 고백했다. "차의 세계는 깊습니다. 한 번 이 세계에 발을 들이면 헤어나기 힘들어요. 아무리 같은 생산자가 같은 차밭에서 생산한 차라도, 해마다 다릅니다. 언제나 새로운 무언가를 발견할 수 있어요. 차는 날마다 많은 즐거움을 주는 진정한 삶의 예술입니다. 차 한 잔을 사이에 두고 사람을 만나고 이야기를 나누지요. 차는 친근하면서 안정감을 주고 위로가 되기도 합니다."

CHAPTER

Nº

세계의 차

세계의 차 생산국

차 생산국은 주로 아시아에 위치하며 전 세계 생산량의 80%를 차지한다.
그러나 지금은 아프리카, 심지어 콜롬비아에서도 차를 생산한다.

현재, 전 세계적으로 1년에 약 6,000,000톤의 차가 생산된다.
가장 큰 생산국 두 곳은 중국과 인도로, 전 세계 생산량의 60%를 차지한다.
차 종류별 생산 분포를 보면,
홍차 66%, 녹차 30%, 우롱차 4%이고, 녹차의 비율이 증가하는 추세이다(1985년에는 녹차의 비율이 20%를 밑돌았다).

어떤 나라에서, 어떤 차를 만들까?

- 🍃 **홍차_** 인도, 스리랑카, 케냐
- 🍃 **녹차_** 중국, 일본, 베트남
- 🍃 **우롱차_** 주로 중국과 타이완

중국

중국은 세계 1위의 차 생산국이다. 생산량에서만 중국이 중요한 것은 아니다. 역사적으로 차의 소비가 시작된 곳도 바로 중국이다. 서양인들이 차를 발견하고 수입하기 시작한 것도 중국과 접촉하면서부터이다. 다른 나라는 녹차나 홍차 중 한 종류를 특화하는 것이 일반적이지만, 중국은 두 가지를 모두 같은 품질로 생산하고 있다.

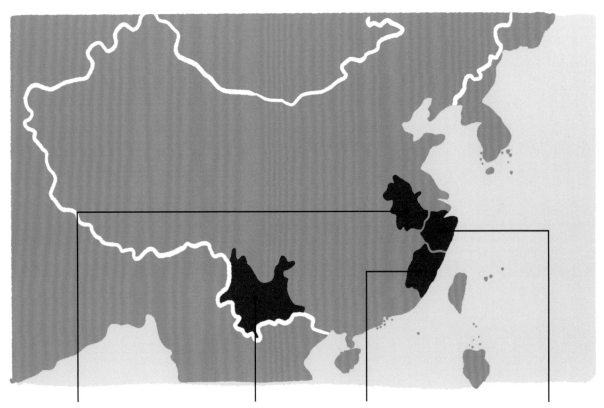

👓 **안후이_** 생산량은 적지만(중국 생산량의 6%), 품질 좋은 녹차를 생산한다. 봄에 첫 번째로 수확한 녹차와 치먼[祁門, 기문] 홍차가 유명하다.

👓 **윈난_** 중국의 주요 홍차 산지 두 곳 중 한 곳이다. 푸얼차로도 유명하다.

👓 **푸젠_** 중국 제1의 차 산지(중국 생산량의 20%)이며, 종류도 매우 다양하다. 이 지역은 백차, 재스민차, 테관인[鐵観音, 철관음] 우롱차로 유명하다.

👓 **저장_** 중국 제2의 차 산지(중국 생산량의 17%). 녹차만 생산한다. 룽징[龍井, 용정] 녹차로 유명하다.

차 생산 현황

연간 생산량 : 약 2,600,000톤
세계 시장 점유율 : 36%
세계 차 산지 순위(생산량 기준) : 1위
주요 생산 차종 : 모든 종류의 차(녹차 75%, 홍차 20%, 우롱차 5%)

👓 **타이완_** 우롱차(반산화)로 유명하다.

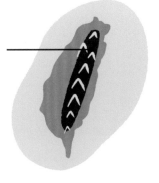

인도

인도의 차 생산은 영국 식민지시대에 시작되었다.
수출 수요가 증가하면서 아삼, 닐기리, 다르질링 지역에서 차 재배가 발달했다.

다르질링_ 양적인 면에서는 비중이 크지 않지만(인도 생산량의 1%), 인도의 차 산지 중 가장 유명하고 권위 있는 산지이다. 해발 400~2,500m 사이에 87개의 다원이 위치하고 있다. 다원에 따라 생산 품질이 크게 다르며, 수확시기에 따라서도 차이가 있다. 특히 봄과 여름에 수확한 차가 유명한데, 이 두 가지는 성격이 크게 다르다.

아삼_ 인도 제1의 홍차 산지(인도 생산량의 50%). 1년에 4번 수확하는데, 여름에 수확한 차가 가장 인기가 많다.

닐기리_ 인도 제2의 홍차 산지이지만, CTC 방식(찻잎을 부수고 찢어서 만드는 티백용 차)으로 만드는 일반적인 품질의 차가 대부분이다.

차 생산 현황

연간 생산량 : 1,330,000톤
세계 시장 점유율 : 23%
세계 차 산지 순위(생산량 기준) : 2위
주요 생산 차종 : 홍차

일본

일본 녹차는 중국 녹차와 크게 다르며, 특히 맛차와 교쿠로는 독자적인 노하우를 통해 만들어진다.
일본에서 녹차는 매우 특별한 위치를 차지하며, 한 잔의 맛차를 마시는 것은 그 이상의 의미가 있다.
일본은 차가 정신적인 면에서 매우 중요시되는 유일한 나라이다. 이것이 그 유명한 다도의 가치이다.

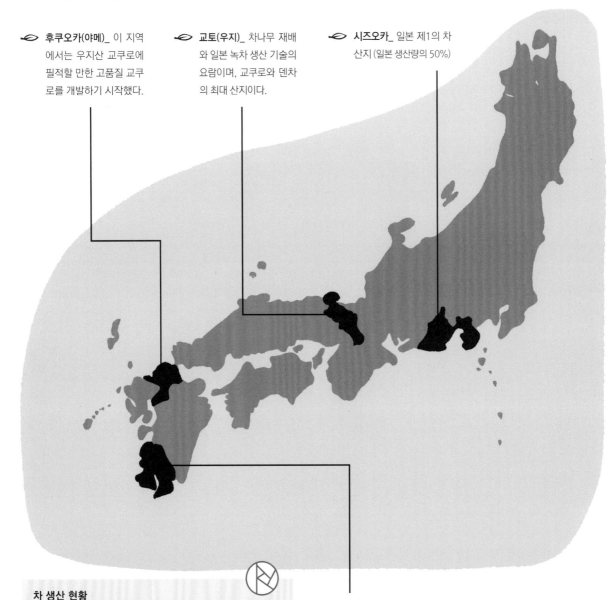

후쿠오카(야메)_ 이 지역에서는 우지산 교쿠로에 필적할 만한 고품질 교쿠로를 개발하기 시작했다.

교토(우지)_ 차나무 재배와 일본 녹차 생산 기술의 요람이며, 교쿠로와 덴차의 최대 산지이다.

시즈오카_ 일본 제1의 차 산지 (일본 생산량의 50%)

차 생산 현황

연간 생산량 : 약 80,000톤
세계 시장 점유율 : 1%
세계 차 산지 순위(생산량 기준) : 12위
주요 생산 차종 : 녹차

가고시마_ 일본 제2의 차 산지(일본 생산량의 20%). 가고시마는 지리적 장점에 힘입어 1980년대 중반부터 본격적으로 차나무 재배를 시작했다. 남쪽에 있는 규슈섬에 위치해 다른 지역보다 먼저 찻잎을 수확할 수 있다.

그 밖의 차 생산국

주요 생산국 외의 나라에서 생산된 차는 보통 블렌딩용이나 티백용으로 사용된다.
그러나 지난 10년 동안 일부 생산자들은 품질 향상을 위해 노력했고,
유명한 그랑 크뤼 급 차에 버금가는 질 좋은 차를 생산할 수 있게 되었다.

네팔

네팔에는 50여 개의 다원이 있는데, 생산량의 대부분은 티백용으로 사용된다. 하지만 다르질링과 비슷한 미기후(microclimate, 네팔 국경은 다르질링으로부터 수십 킬로미터 밖에 떨어져 있지 않다) 덕분에, 10~15년 전부터 해발 2000m 부근에 위치한 일부 농장에서 다르질링의 그랑 크뤼 차에 뒤지지 않는 고품질 차를 생산하고 있다.

차 생산 현황

연간 생산량 : 24,000톤
세계 시장 점유율 : 0.4%
세계 차 산지 순위(생산량 기준) : 19위
주요 생산 차종 : 홍차

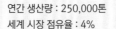

베트남

현재 경제적으로 고속성장 중인 베트남은 수년 내로 스리랑카의 차 생산량을 앞지를 가능성이 있다. 그러나 차의 품질은 몇몇 예외를 제외하고는 평균적인 수준이다.

차 생산 현황

연간 생산량 : 250,000톤
세계 시장 점유율 : 4%
세계 차 산지 순위(생산량 기준) : 5위
주요 생산 차종 : 녹차(전체 생산의 절반) 위주로 모든 종류의 차를 생산

인도네시아

인도네시아는 오랫동안 큰 특징이 없는 블렌딩용 홍차를 주로 생산했지만, 지금은 점점 다양한 차를 생산하고 있다. 시장의 성장에 발맞춰 현재 인도네시아 차 생산량의 20~25%를 녹차가 차지하고 있다. 일부 생산자는 고품질 차를 생산하지만, 티백용 차가 대부분이다.

차 생산 현황

연간 생산량 : 140,000톤
세계 시장 점유율 : 2.3%
세계 차 산지 순위(생산량 기준) : 7위
주요 생산 차종 : 홍차와 녹차

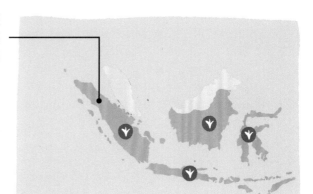

스리랑카

생산량의 90% 이상을 수출한다. 1980년대 중반까지 스리랑카 홍차는 프랑스에서 차 판매량 1위를 차지했지만, 지금은 그렇지 않다.

차 생산 현황

연간 생산량 : 310,000톤
세계 시장 점유율 : 5%
세계 차 산지 순위(생산량 기준) : 4위
주요 생산 차종 : 홍차

아르헨티나

남미에서 대량의 차를 생산하는 유일한 나라로, 생산량의 대부분은 수출용이다. 아르헨티나는 마테(Mate)차로도 유명하다.

차 생산 현황

연간 생산량 : 80,000톤
세계 시장 점유율 : 1%
세계 차 산지 순위(생산량 기준) : 11위
주요 생산 차종 : 홍차

케냐

케냐는 영국의 지배 아래 차 생산을 시작했다. 다원은 고위도 지역에 위치하여 고품질 차를 생산하는 데 유리한 기후조건을 갖추고 있다.

차 생산 현황

연간 생산량 : 490,000톤
세계 시장 점유율 : 8%
세계 차 산지 순위(생산량 기준) : 3위
주요 생산 차종 : 홍차

말라위

20세기 후반 수출을 위한 차 재배가 발달하였다. 이 차들은 주로 〈블렌딩 티〉를 만들거나 티백용으로 사용된다.

차 생산 현황

연간 생산량 : 50,000톤
세계 시장 점유율 : 0.8%
세계 차 산지 순위(생산량 기준) : 16위
주요 생산 차종 : 홍차

콜롬비아

적도와 가까운 콜롬비아는 1년 내내 풍부한 일조량을 자랑한다. 콜롬비아의 차 재배는 해발 1,000~2,000m에서 이루어지는데, 이는 다르질링의 유명한 다원이나, 타이완의 높은 산에 있는 우롱차 산지와 같은 높이이다. 콜롬비아인들은 차 재배를 포괄적인 시각으로 이해하고 있으며, 자연과 농부들을 존중하는 재배가 이루어지고 있다. 오늘날 콜롬비아의 차 품질은 전 세계적으로 인정받고 있으며, 콜롬비아산 홍차로 다만 프레르(Dammann Frères)의 오하 카보아(Hoja Caboa)가 있다.

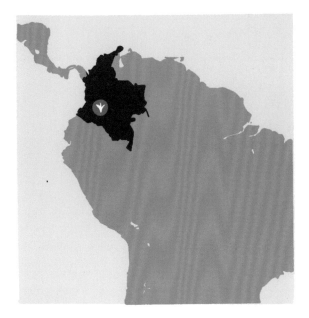

차 생산 현황

연간 생산량 : 약 150톤
세계 차 산지 순위(생산량 기준) : 43위
주요 생산 차종 : 모든 종류의 차

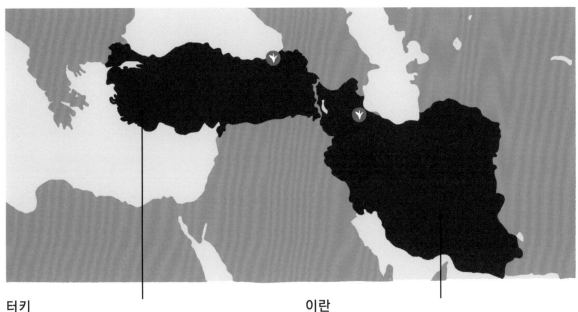

터키

터키는 20세기 들어서야 비로소 차 재배를 시작했으며, 지금은 생산량의 대부분을 자국 내에서는 소비하고 있다.

차 생산 현황

연간 생산량 : 210,000톤
세계 시장 점유율 : 3.5%
세계 차 산지 순위(생산량 기준) : 6위
주요 생산 차종 : 홍차

이란

이란은 홍차를 대량으로 생산하며 생산량의 대부분을 자국 내에서 소비하고 있다. 외국에서 이란산 홍차를 찾기는 힘들다.

차 생산 현황

연간 생산량 : 110,000톤
세계 시장 점유율 : 1.8%
세계 차 산지 순위(생산량 기준) : 9위
주요 생산 차종 : 홍차

CHAPTER

№

시음 입문

시음

일본의 다도 예식 〈차노유[茶の湯]〉의 대가 센노리큐[千利休]는 이렇게 썼다.
〈차노유, 그것은 그저 물을 끓여 차를 준비하고, 마시는 것이다. 더 이상 이해할 것은 아무것도 없다!〉
하지만 우리는 여기서 조금 더 나아가 보자.

즐거운 순간

차를 〈음미한다〉는 것은 어떤 의미일까? 사전적인 의미를 따른다면, 〈음미하다〉라는 동사는 〈음식 또는 음료를 즐기며 맛본다, 무언가를 기분 좋게 먹거나 마신다〉라는 뜻이다. 이것은 즐거운 마음으로 차를 마시고 향을 즐기는 시간인, 차 시음에도 잘 맞는 설명이다. 그러므로 시음을 위해 특별히 시간을 정해놓는 것도 좋다. 왜냐하면 시음에도 최소한의 준비가 필요하기 때문이다.

찻잔과 찻주전자

차를 제대로 시음하기 위해서는 알맞은 찻잔과 찻주전자를 갖추는 것이 좋다. 좋은 찻주전자가 있으면 향이 풍부하고 조화를 이룬 차를 더 쉽게 마실 수 있다. 찻잔 역시 매우 중요하다. 사실, 시음은 맛과 향뿐 아니라 촉감의 영향도 받기 때문이다(찻잔 가장자리에 입술이 닿을 때, 손으로 찻잔을 잡을 때 등).

차분한 환경

평화롭게 시음을 즐기기 위해서는 차분한 환경이 필요하다. 긴장을 풀 수 있는 조용한 장소가 좋다. 또한 음식 냄새나 향수 냄새 등으로 인해 후각적으로 방해받지 않는 중립적인 환경이 필요한데, 이러한 요인들이 차의 아로마를 해칠 수 있기 때문이다. 마지막으로, 너무 어둡거나 너무 밝지 않은 부드러운 조명은 시음할 차의 수색을 정확하게 관찰하는 데 도움이 된다.

품질 좋은 차

기분 좋은 시음 시간을 위해서는 일정 수준 이상의 차를 선택하는 것이 중요하다. 사실, 차 시음의 모든 지침을 엄격하게 따른다고 해도, 차가 형편없다면 좋은 결과를 얻을 수 없다. 이것은 요리에서도 마찬가지이다. 재료의 질이 떨어지면, 미쉐린 별을 받은 셰프라 할지라도 기적을 만들 수 없다. 그렇다고 가장 비싼 차를 준비해야 된다는 뜻은 아니다. 차를 신중하게 선택해야 한다는 뜻이다.

문화적 차이

차를 시음할 때는 감각을 사용해야 한다. 감각은 차에 대한 개인적인 느낌을 제공하지만, 흥미로운 것은 이 느낌 또한 문화적일 수 있다는 점이다. 후각과 미각은 기억과 깊은 관련이 있어서, 같은 향이라도 사람마다 나라마다 각기 다른 기억을 불러일으킨다.

여러 나라에서 시음회를 열면서, 이를 통해 특정한 문화적 감수성의 존재를 밝혀낼 수 있었다. 프랑스인과 이탈리아인을 대상으로, 같은 품질의 다른 특징을 지닌 센차 시음을 진행한 경험을 예로 들어보자.

첫 번째는 섬세하고 감칠맛이 나며 싱싱한 허브의 뉘앙스와 바다향이 있는 차였고, 두 번째는 균형이 잘 맞고 꽃과 과일의 아로마를 지닌 차였다. 대부분의 이탈리아인들은 첫 번째 차를 좋아했는데, 프랑스인들은 두 번째 차를 더 좋아하는 경향을 보였다. 이 현상은 프랑스와 이탈리아 요리의 차이(향, 맛 등)로 설명할 수 있다. 일반적으로 사람들은 어린 시절부터 먹거나 마신 것을 더 좋아하며, 모르는 맛은 거부하거나 의심하기 마련이다.

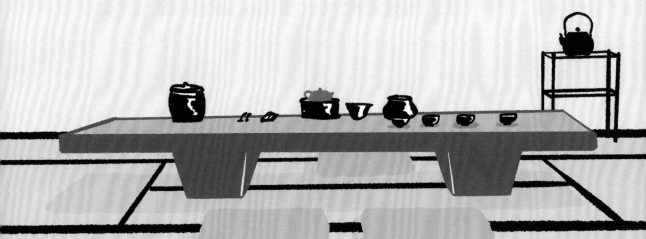

정기적인 시음

차가 가진 다양한 풍미를 제대로 느끼기 위해서는 꾸준한 훈련과 시음이 필요하며, 이를 통해 즐겁고 효율적인 방식으로 자신의 미각을 단련할 수 있다.

어떤 차부터 시작할까?

규칙에 의하면 차 시음을 처음 시작할 때는 향이 지나치게 다른 차를 함께 시음하지 않는 것이 좋다(CHAPTER 6 차 종류별 시음 방법 참조).

균형 잡힌 차의 맛

상반된 맛의 조화를 통해 미식 재료의 맛을 온전히 느낄 수 있는 경우도 많다.
그렇다면 차 시음에서는 어떤 맛의 조화를 즐겨야 할까?

상호보완적인 맛

시음은 맛의 조화가 얼마나 완벽하게 이루어졌는지 느끼는 과정이다. 커피의 예를 들어보자. 커피나무 열매를 가공한 커피에서는 신맛과 단맛의 균형을 느낄 수 있다.

차의 경우 차나무의 어린잎과 새싹을 가공하여 만드는데, 여기서 중요한 것은 떫은맛(쓴맛과 관계있다)과 감칠맛(단맛과 섬세한 풍미를 만드는 아미노산)이라는 서로 다른 두 풍미의 조화이다.

떫은맛과 감칠맛의 조화 : 품질의 기준

물론 사람들은 자연스럽게 단맛에 끌리지만, 금방 싫증을 내기도 한다. 지나치게 달콤한 차는 복합성이 부족하다. 반대로, 너무 떫은 차는 즐기기 힘들고, 더 심하면 마실 수 없다.

쓴맛과 감칠맛이 조화를 이룰 때 우리는 차를 사랑하게 된다. 이 조화는 차의 품질을 결정짓는 만큼 절대적으로 중요하다. 〈그랑 크뤼〉급 차는 항상 떫은맛과 감칠맛의 조화를 느끼게 해준다.

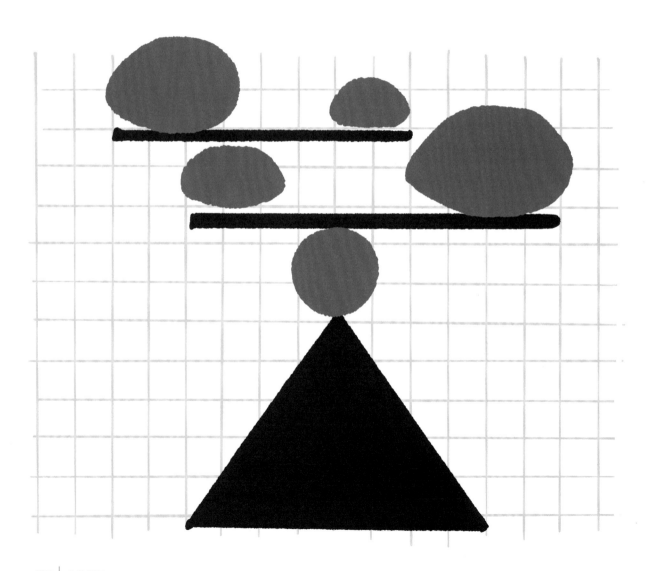

감칠맛

서양에서는 오랫동안 잘 알려지지 않았던 감칠맛(우마미)은
짠맛, 단맛, 신맛, 쓴맛과 함께 기본적인 다섯 가지 맛(오미) 중 하나로, 달고 부드러운 맛이다.

다섯 번째 맛?

1908년 일본인 화학자 이케다 기쿠나에는 국물을 낼 때 사용
하는 다시마에 들어 있는 글루탐산이 감칠맛(우마미)이라고 이름
붙인 다섯 번째 맛을 낸다는 것을 발견했다. 그 뒤로 이노신산과
구아닐산도 감칠맛을 낸다는 것이 밝혀졌다.

어디에 있을까?

글루탐산, 이노신산, 구아닐산은 전 세계에서 공통적으로 소비되는
식품에 들어 있다.
글루탐산은 미역, 치즈, 토마토, 양파, 간장, 미소된장 등에 들어 있고,
이노신산은 고기, 생선, 또는 가쓰오부시(말린 가다랑어)에서 찾아볼
수 있다. 마지막으로 구아닐산은 표고 등의 버섯에 함유되어 있다.
이러한 산류를 함유한 다양한 재료들의 조합은 감칠맛을 증폭시키는
데, 이 현상은 다시마와 가쓰오부시로 우려낸 일본식 맛국물인 다시
에서 두드러진다.
차를 시음할 때는 감칠맛과 쓴맛의 균형이 무엇보다 중요하다.

발달하는 풍미

고급 차는 만든 직후부터 감칠맛을 어느 정도 갖고 있다. 그런데 이
풍미는 차를 알맞은 조건에서 보관하면 더 발달할 수 있다. 예를 들어
푸얼성차[보이생차, 普洱生茶]의 경우 그대로 마실 수도 있지만, 제
대로 즐기기 위해서는 감칠맛이 완전히 표현되고 향이 강해지기를
기다렸다 마시는 것이 좋다.
마찬가지로 옛날 일본에서도 봄에 생산된 차를 가을까지 기다렸
다 마시기도 했다. 지금은 수확하고 일주일 뒤면 차를 판매하지
만, 차를 더 맛있게 즐기기 위한 원칙은 동일하다. 수확한 지 얼
마 안 된 차는 몇 달 뒤에 개봉할 것을 권한다.

아로마의 종류

시음할 때 쉽게 구분하기 위해 아로마를 종류별로 분류하였다.
이 아로마들은 와인이나 커피를 시음할 때 느껴지는 것과 비슷하다.

아로마는 언제 발달할까?

차를 만드는 각 과정은 아로마가 발달하는 데 중요한 역할을 한다. 그래서 각 과정마다 정성을 쏟아야 한다.

재배하는 동안

어떤 차든 먼저 신선한 식물의 아로마가 나타난다. 그러나 그 향에도 많은 차이가 있다(예를 들어 어떤 것은 신선한 민트, 고수의 향과 비슷하고, 또 어떤 것은 막 잘라낸 허브의 향에 가깝다).

가공하는 동안

차를 가공하는 동안 각각의 아로마적 특성이 보다 분명해진다. 같은 계열 내에서는 차의 품종과 생산자에 따라 특성이 달라진다.

보관하는 동안

차를 휴지 및 보관하는 동안 차의 향이 발달하고 개선될 수 있다. 그리고 자연에서 관찰할 수 있는 변화와 비슷한 변화을 보인다. 갓 잘라낸 허브의 냄새는 마른 허브의 냄새로 변하고, 싱싱한 꽃향은 시든 꽃의 향으로 변한다. 숲향이 나타나기도 한다.

아로마의 생성 : 쿠마린의 예

쿠마린(Coumarin)은 조향업계에서 많이 사용하는 천연 방향물질이다. 쿠마린은 벚나무 잎과 전문가들에게 인기가 많은 일본 차나무 품종 〈Shizu-7132〉에 존재한다. 이 향이 만들어지는 과정은 상당히 복잡하다. 쿠마린은 식물이 상처를 입었을 때(초식동물에게 물려 잎에 상처가 나거나 베였을 때) 식물에 의해 자연적으로 합성된 두 가지 화학물질에서 생성된다. 원래 식물에 존재하던 이 물질들의 융합이 그처럼 기분 좋은 꽃, 바닐라 등의 노트를 만들어낸다.

차 종류에 따른 대표적인 아로마

녹차	우롱차	홍차	백차
신선한/말린 식물	꽃	꽃	신선한/마른 식물
꽃	과일	과일	꽃
미네랄	구운 향		과일

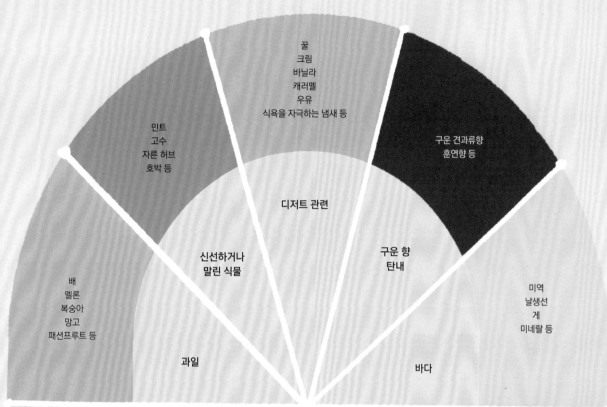
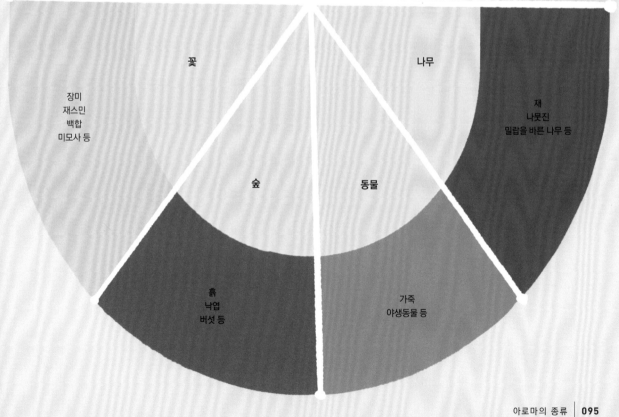

디저트 관련

꿀
크림
바닐라
캐러멜
우유
식욕을 자극하는 냄새 등

구운 향
탄내

구운 견과류향
훈연향 등

민트
고수
자른 허브
호박 등

신선하거나
말린 식물

바다

미역
날생선
게
미네랄 등

배
멜론
복숭아
망고
패션프루트 등

과일

나무

재
나뭇진
밀랍을 바른 나무 등

장미
재스민
백합
미모사 등

꽃

숲

동물

가죽
야생동물 등

흙
낙엽
버섯 등

물 : 차 시음의 중심

차를 우리는 데 사용하는 물은 매우 중요하다. 한 잔의 차는 99%가 물로 이루어진다.
이것이 반드시 좋은 물을 선택해야 되는 이유이다.

미네랄이 지나치게 많은 물을 사용할 경우

미네랄을 많이 함유한 물에 차를 우리면, 미네랄이 적은 물을 사용할 때와 다른 결과가 나온다. 사실, 지나치게 많은 미네랄은 차가 잘 우러나는 것을 방해한다. 어떤 일이 벌어지는지 알아보자.

시각적으로
수색이 어둡고 탁하다.

후각적으로
향이 훨씬 약하게 느껴지며 불쾌하게 느껴질 수도 있다.

미각적으로
떫은맛이 강하게 느껴진다. 좋지 않은 맛이 난다.

미네랄이 적은 물(연수)

거주하는 지역의 물이 미네랄 함유량이 적다면 차를 우리는 데 사용해도 좋다. 그렇지 않다면, 생수를 사용하거나 다음의 기준에 부합하는 샘물을 사용하는 것이 좋다.

- 180℃ 증발잔류물_ 30~100mg/ℓ
  180℃ 증발잔류물은 물 1ℓ를 180℃에서 증발시켰을 때 남는 미네랄의 양을 나타낸다.
- 마그네슘 함유량_ 5mg 이하
  칼슘과 마그네슘의 이상적인 비율은 2:1 정도이다. 만약 선택한 물에 10mg의 칼슘이 들어 있다면 마그네슘의 양은 5mg이어야 한다.
- pH 지수_ 6.5~8

이 기준에 부합하는 생수 브랜드 몇 가지를 소개한다.
셀틱(Celtic), 아이슬란딕(Icelandic), 블랙 포레스트(Black Forest), 먹는 샘물 그랑 바르비에(Grand Barbier 또는 Volcania).
수원지가 알자스에 있는 셀틱의 성분은 다음과 같다.

- 180℃ 증발잔류물_ 50mg/ℓ
- 칼슘_ 10.5mg
- 마그네슘_ 4mg
- pH_ 7.5

오베르뉴산 그랑 바르비에(또는 볼카니아)의 성분은 다음과 같다.

- 180℃ 증발잔류물_ 52.2mg/ℓ
- 칼슘_ 4.1mg
- 마그네슘_ 1.7mg
- pH_ 7.3

수돗물은 어떨까?

수돗물도 사용할 수 있지만 한 가지 조건이 있다. 미네랄 함유량이 적어야 한다. 따라서 여러분이 사는 지역의 수돗물 성분을 알아둘 필요가 있다.

구체적인 예를 들어보자. 파리의 수돗물은 증발잔류물이 400mg/ℓ이고, 이런 경우에는 고급 차의 가치를 제대로 느낄 수 없다. 정수 필터(브리타 등)를 사용해도, 미네랄이 너무 많으면 큰 도움이 되지 않는다.

좋은 시음을 위한 도구

시음을 제대로 즐기기 위해서는 좋은 차와 미네랄 함유량이 적은 물 외에도 물의 온도, 우리는 시간 등
시음에 필수적인 조건들을 잘 관리할 수 있게 도와주는 적절한 도구가 필요하다.

물을 끓이는 전기포트

물을 끓이는 용도로 만들어진 것이면 충분하지만, 가능하면 재질을 고려해
서 선택하는 것이 좋다. 사실 포트 내부가 합성소재로 되어 있으면 가열할
때 시음에 방해되는 플라스틱 냄새와 맛이 배어나올 수 있다. 그래서 물이
직접 닿는 부위는 스테인리스 스틸 같은 중성적인 재질로 되어 있는 제품을
고르는 것이 좋다. 온도 표시 기능이 있는 제품이 유용하지만, 온도계만 있
으면 일반적인 전기포트로도 충분히 만족스러운 시음을 할 수 있다.

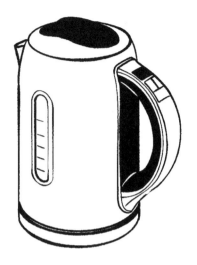

차시

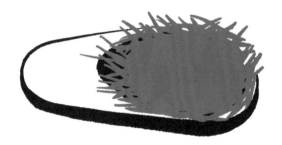

찻잎을 계량하는 데 사용하는 숟가락을 차시(茶匙)라고 한다. 다양한 종류가
있는데, 갖고 있는 것이 없다면 부엌 서랍 속에 있는 스푼 하나를 찻잎 전용
으로 정해놓고 사용하면 된다. 차는 다른 식품의 냄새를 쉽게 흡수하기 때문
이다.

저울과 타이머

사용할 차의 양을 정확히 계량하기 위해 저울이 필요할 수 있다. 사실 차
의 밀도는 매우 다양해서, 같은 무게라도 차시로 두세 숟가락을 더 넣어
야 하는 경우도 있다.
타이머는 차를 우리는 시간을 지키는 데 도움이 된다.

찻주전자 (다관)

최상의 시음을 위해서는 찻주전자의 선택이 매우 중요하다. 어떤 찻주전자
는 다용도로 어떤 차나 담을 수 있는 반면, 용도가 정해져 있어 경험 많은 차
애호가들이 즐겨 사용하는 찻주전자도 있다. 찻주전자에 대해서는 뒤에서
더 자세히 다룬다(p.100~105 참조).

거름망

대부분의 찻주전자에는 금속 거름망이 들어 있다. 이 거름망을 오래 사용하면 재질에 관계 없이 차에 나쁜 맛이 밸 수 있다. 그러므로 거름망을 정기적으로 교환하는 것이 중요하다. 금속 거름망에는 두 종류가 있다.

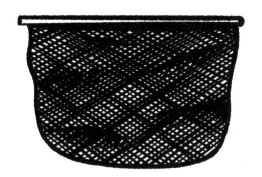

탈부착형 거름망

- **장점_** 교체가 매우 쉽다.
- **단점_** 찻잎이 좁은 공간에 갇혀 있어서 이상적인 방식으로 차를 우려내기 어렵다.

고정형 거름망

- **장점_** 새것일 때는 차를 제대로 우릴 수 있으며 금속 맛도 나지 않는다.
- **단점_** 교체가 어렵다, 또는 불가능하다.

찻잔

찻주전자와 마찬가지로 시음용 찻잔의 선택 또한 중요하다. 잔에 따라 더 적합한 차의 종류가 있게 마련이다. 하지만 당장 티소믈리에가 되겠다는 목표가 있는 것이 아니라면, 일반적인 찻잔으로도 충분히 시음할 수 있다(p.108 참조).

다용도로 사용할 수 있는 도구

각각의 차에는 적합한 도구가 있다. 전통적으로 차를 재배하고 소비해온 아시아 국가에서는 차를 편하게 마실 수 있고, 특히 적은 양의 차를 만족스러운 방식으로 준비할 수 있는 도구들이 많이 나와 있다. 그러나 찻주전자와 찻잔을 종류별로 갖추기는 쉽지 않기 때문에, 가장 먼저 규스[急須, 급수(p.100 참조)]를 구매할 것을 추천한다. 높은 온도에서 구운 도자기 등으로 만든 규스는 향이 배어들지 않아서 다양한 차를 우릴 수 있다. 찻잔의 경우, 얇은 사기로 된 개완(蓋椀)을 사용하면 여러 가지 차를 시음할 수 있다(p.106 참조).

하지만 가향차를 우릴 때는 주의해야 하는데, 가향차의 향을 내는 에센셜 오일이나 천연 또는 인공 아로마는 향이 강해서 씻은 뒤에도 남아 있을 위험이 있다. 그러므로 가향차는 가향차용 찻주전자에 우려내는 것이 좋다.

규스

규스[急須, 급수]는 일본의 전통적인 찻주전자이다.
만들어진 형태와 재질 면에서 녹차 시음에 이상적인 도구이다.

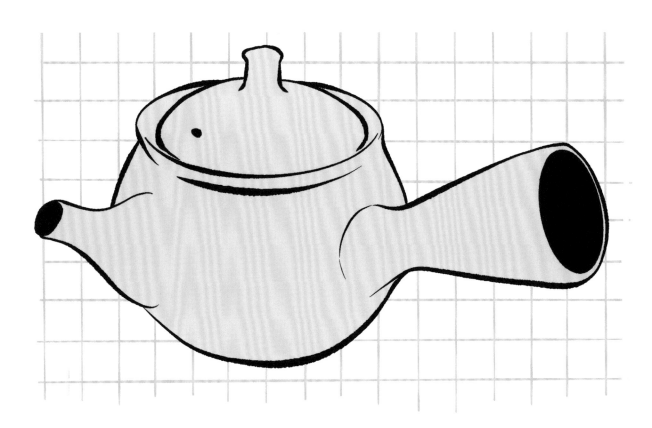

특징

크기가 작은 찻주전자로 용량은 100~400㎖이다. 보통 손잡이가 뒤에 달린 다른 찻주전자들과 달리 규스는 손잡이가 옆면에 있다. 옆면에 달린 손잡이 덕분에 다른 찻주전자보다 사용하기 편하며, 한 손으로 다룰 수 있다.

테라코타, 도기, 자기?

각 재질의 차이가 항상 명확하게 구분되는 것은 아니다. 테라코타는 투박하고 다공질인데, 800~1,000℃ 사이에서 굽는다. 도기는 점토와 모래가 섞여 있으며, 1,200℃ 이상에서 굽는다. 표면이 유리처럼 매끈하지는 않지만 테라코타처럼 다공질은 아니다. 마지막으로, 자기는 고령토로 만들며 1,300℃ 이상에서 굽는다. 표면이 유리처럼 매끈하고 반투명하다.

재질은 어떤 영향을 줄까?

규스는 보통 테라코타와 자기의 중간 단계인 도기로 만든다. 테라코타로 만든 이싱[宜興, 의흥] 자사호(p.102 참조)는 다용도로 쓸 수 없는데, 전에 우린 차의 맛을 기억하기 때문이다. 반면 찻주전자를 만들기에 가장 좋은 재질인 도기와 자기에는 그런 성질이 없다.

도코나메 다관

도코나메[常滑]는 훌륭한 품질의 수제 도기 다관(찻주전자)을 만드는 유명한 일본의 소도시이다. 철분이 많이 함유된 흙을 사용해서 벽돌색을 띤 도코나메 다관의 용량은 20~250㎖이다. 도기 재질은 카테킨의 떫은맛을 완화시켜 차맛을 조화롭고 부드럽게 만든다.

도코나메의 장인들은 독창적인 작품을 만들기 위해 물레를 사용한다. 다관을 만드는 데는 한 달 정도 걸리는데, 매우 많은 과정을 거치기 때문이다. 흙 준비, 다관을 구성하는 여러 부위 성형(몸체, 뚜껑, 손잡이, 부리), 건조, 세부 수정, 본체에 손잡이와 부리(출수구) 접착, 2차 건조, 매끈하고 윤이 나는 다관을 만들기 위한 광택 내기, 장식 무늬 넣기(장인이 원하는 바에 따라), 1,100℃ 이상의 온도에서 12~18시간 굽기, 뚜껑과 몸체가 완벽하게 일체감을 주도록 다듬는 마무리 작업까지. 완성된 다관은 겉보기에는 비슷해 보여도 하나하나가 독창적이며, 뚜껑도 서로 바꿔 끼울 수 없다.

도코나메 규스 : 이상적인 다관

도코나메 규스는 고급 차 시음에 완벽하게 어울리는 특성을 갖고 있다.

✏ 다용도로 활용 가능 : 기억의 부재

전통적인 테라코타에 비해 더 높은 온도에서 굽는 도코나메 규스는 자기 다관에 가까운 특성을 가지며, 전에 우린 차를 기억하지 않는다. 따라서 다양한 차를 우리는 데 사용할 수 있다. 피해야 할 것은 〈가향차〉 종류로, 거의 대부분 인공 향을 포함하고 있어서 세척 후에도 향이 남아 있기 때문이다.

✏ 다루기 쉬운 다관

다관을 구입하기 전에 확인할 것이 몇 가지 있다. 먼저 다루기 쉬워야 한다. 특히 한 손으로도 다룰 수 있어야 하며, 손잡이가 뒷면에 있는 것 보다는 옆면에 있는 것이 사용하기 편하다.

✏ 완벽하게 잘 맞는 뚜껑

p.100의 그림처럼 다관 뚜껑의 구멍은 부리쪽에 있어야 한다.

✏ 거름망

도코나메 다관에는 도기로 만든 거름망이 있어서 금속 거름망의 단점을 피할 수 있다. 또한 거름망의 구멍이 매우 작아 찻잎이 빠져나오지 못한다.

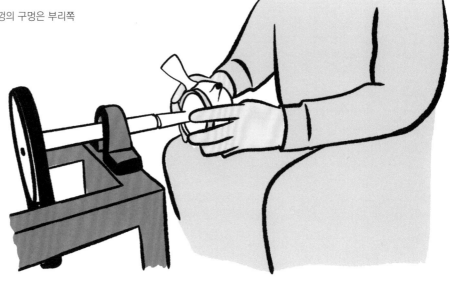

이싱 자사호

이싱[宜興, 의흥]은 중국 장쑤성에 위치한 도시이다.
이싱의 도자기는 매우 오래되었지만, 이싱에서 만든 찻주전자인 자사호(紫沙壺)가 유명해지기 시작한 것은
명나라(1368~1644) 때부터이다.

특징

유약을 바르지 않은 작은 찻주전자인 이싱 자사호는 테라코타로 만들며, 사용하는 흙(자사토)에 함유된 철분의 영향으로 붉은색을 띤다. 이 철분이 물맛을 부드럽게 만들어주기 때문에, 이싱 자사호와 차가 만나면, 다른 찻주전자로 우려냈을 때보다 맛있는 차를 마실 수 있다. 그러나 이싱 자사호는 차의 향을 조금씩 흡수하는 성질이 있기 때문에 다용도로는 사용할 수 없다. 어느 정도 산화된 특징이 뚜렷한 차

(우롱차 또는 홍차)를 우릴 때 사용해야 하며, 녹차, 백차, 또는 푸얼성차[普洱生茶, 보이생차]나 푸얼수차[普洱熟茶, 보이숙차] 같은 섬세한 차에는 적합하지 않다. 오늘날 이싱 자사호의 품질과 가격은 천차만별이다. 뛰어난 품질로 중국 정부의 인정을 받은 장인들의 작품은 1,000유로가 훌쩍 넘어간다. 그런데 유감스럽게도, 시장에서는 다른 지역의 흙으로 만든 모조품이 매우 경쟁력 있는 가격에 팔리고 있다.

궁푸차 방식

이싱 자사호는 보통 궁푸차[工夫茶, 공부차] 방식으로 차를 우릴 때 사용한다. 궁푸차는 1970년대에 타이완에서 고안된 방식으로, 이후 중국으로 진해졌다. 타이완에서 생산되는 우롱차를 우려내기 위한 일종의 의식이다. 진행 방식과 사용하는 도구는 여러 가지가 있지만, 한 가지 중요한 공통점이 있다. 매우 뜨거운 물에 빠르게 차를 우려내어, 차 본연의 순수한 아로마를 즐기는 것이다.

- 🍃 100㎖ 용량의 이싱 자사호에 찻잎을 넣는다. 찻잎의 양은 취향에 따라 3~5g 정도 사용한다.
- 🍃 끓는 물을 붓고 10초 동안 우려낸 뒤 찻잔에 따른다. 이는 자사호와 찻잔을 따뜻하게 데우는 과정이다. 따라낸 차는 버린다. 이 과정을 두 번 반복한다.
- 🍃 자사호에 끓는 물을 붓고 5초 동안 기다린 다음 찻잔에 따른다. 이번에는 맛을 본다. 자사호의 뚜껑은 열어둔다. 마지막으로 다시 한번 매우 뜨거운 물을 자사호에 붓고 바로 차를 따른다.

어쩌면 낭비처럼 보일 수 있는 〈궁푸차〉 방식은 차의 맛을 크게 향상시킨다. 이 과정을 5~6번 반복할 수 있다.

영국식 또는 유럽식 티포트

자기로 만든 1ℓ 정도로 큰 용량의 티포트가 표준이라고 생각하는 많은 서양인들은,
일본이나 중국의 작은 찻주전자 앞에서 놀라움을 금치 못한다.
차의 역사가 제대로 알려지지 않은 탓이다.

살짝 돌아보기

차가 아시아에서 시작되었다는 사실을 다시 상기시킬 필요는 없을 것이다. 따라서 찻주전자의 원형은 오랜 차 문화와 소비를 자랑하는 아시아에서 사용하는 작은 모델이다. 영국인들은 이국의 문물을 현지화하기 위해 노력했고, 영국식 티포트는 그 결실이다. 오늘날 영국은 차 생산자이자 대형 소비자가 되었다.

홍차용 티포트

영국에서는 주로 홍차를 마신다. 그것이 자기로 만든 부피가 크고 둥근 모양을 한 티포트가 완벽하게 어울리는 이유이다. 물론 녹차를 우릴 때도 사용할 수 있지만, 온전히 만족스러운 결과는 얻을 수 없을 것이다.

은에서 자기로

17세기에 유럽의 특권층이 차를 마시기 시작했을 때, 그들은 자연스럽게 은제품에 관심을 가졌다. 사실, 당시에는 고급 자기가 매우 귀하고 비쌌다. 게다가 차보다 조금 앞서 유럽에 전해진 초콜릿(음료)을 은그릇에 담아서 마셨기 때문이다.

그러나 결국 자기가 티포트에 더 적합한 재질로 인정받게 된다. 자기는 관리가 쉽고 차를 우려내기 좋다.

점핑

점핑(Jumping)은 뜨거운 물을 찻주전자에 부었을 때 찻잎이 위로 떠올랐다 가라앉는 현상을 가리킨다. 찻잎들이 마치 뛰어오르는 것처럼 보이는데, 이로 인해 차가 고르게 잘 우러나와 향기롭고 맛있는 차가 완성된다. 점핑이 일어나기 위해서는 아래의 기준이 충족되어야 한다.

산소
산소가 완전히 빠져나가지 않도록 물이 끓으면 바로 불을 끈다.

물의 온도
점핑은 95~98℃로 가열한 물에서 상대적으로 쉽게 일어난다. 매우 추운 날에는 찻주전자에 미리 뜨거운 물을 부어 예열해두는 것도 좋은 방법이다.

물의 양
적은 양의 차를 우리더라도, 찻잎 2ts에 물 350~400㎖가 필요하다. 물의 온도와 우리는 시간에 대해서는 〈영국식 차 우리는 방법(p.125 참조)〉에서 자세히 설명한다.

둥근 모양

지금은 매우 쉽게 자기로 만든 티포트를 살 수 있다. 종류도 다양하다. 유명한 자기 브랜드 제품(웨지우드 등)을 구입할 필요는 없지만, 둥근 모양의 티포트를 고르는 것이 좋다. 둥근 모양이어야 찻잎이 더 쉽게 점핑할 수 있다.

개완

〈종[盅]〉이라고도 부르는 개완(蓋椀)은 손잡이가 없는 잔으로, 뚜껑과 잔받침이 있다.
다양하게 활용할 수 있어 중국에서 널리 사용되며,
중간 크기의 개완이 가장 사용하기 좋다.

개완의 유래

개완이 세상에 나온 것은 명나라 시대, 약 5세기 전으로 추정된다. 그 이전의 송나라 시대(960~1279)에는 찻잎을 갈아서 가루로 만들어 물에 타서 마셨다. 명대에 이르러 찻잎을 물에 우려내는 포다법(泡茶法)이 시작되었다. 간편하게 차를 우리기 위해서는 어떤 차든 쉽게 우려낼 수 있는 개완이 가장 유용하다.

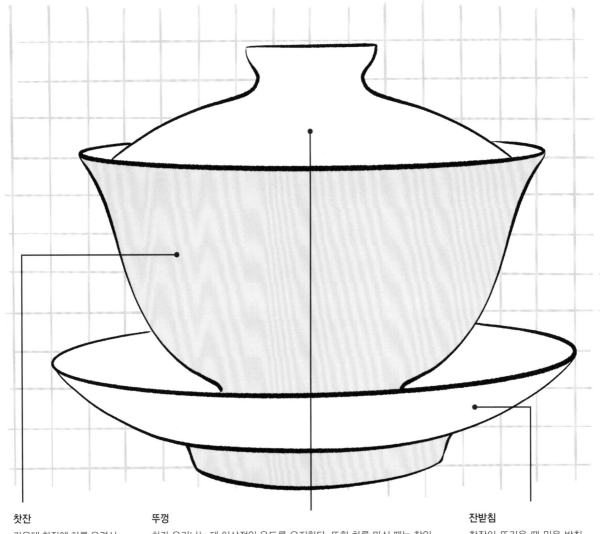

찻잔
가운데 찻잔에 차를 우려서 그대로 마신다.

뚜껑
차가 우러나는 데 이상적인 온도를 유지한다. 또한 차를 마실 때는 찻잎이 빠져나오지 않게 막아주기 때문에 편하게 차를 마실 수 있다.

잔받침
찻잔이 뜨거울 때 밑을 받칠 수 있다.

잔일까, 찻주전자일까?

시간이 지남에 따라 개완의 사용방법도 발전하였다.

◖ **소개완(100㎖ 이하)**
고급 우롱차를 우릴 때나 궁푸차 (p.103 참조) 방식으로 차를 우릴 때 등, 찻주전자 용도로만 사용한다.

◖ **중개완(100㎖~130㎖)**
찻주전자의 역할을 하지만 찻잔으로 사용하기도 한다.

◖ **대개완(130㎖ 이상)**
대개완도 두 가지 용도로 모두 사용이 가능하지만, 중개완처럼 차를 우리는 데 알맞은 도구는 아니다. 원래의 용도대로 일상생활에서 차를 마실 때, 추가로 잔을 더 사용하지 않기 위해 사용한다.

찻주전자로도 사용할 수 있는 개완

뜨거운 물로 개완을 헹군(생략 가능) 뒤, 찻잎을 넣는다. 뜨거운 물을 붓고 뚜껑을 덮은 다음, 차를 우린다(chapter 6 차 종류별 시음 방법 참조). 차를 시음용 잔에 따른다. 열기 때문에 산화가 빨라지지 않도록 잊지 말고 뚜껑을 열어두어야 한다. 사실 산화는 매우 떫은, 좋지 않은 맛이 나는 원인이다. 마지막으로 잊지 말아야 할 것은 개완에 가향차를 우리면 안 된다. 향이 개완에 남을 위험이 있다.

다용도로 사용하는 개완

중개완 또는 대개완의 경우 직접 차를 마시는 것도 얼마든지 가능하다(중국에서 널리 사용되는 방법이기도 하다). 뚜껑을 살짝 기울여 찻잎이 빠져나오지 않게 한 다음 차를 마신다.

찻잔 고르기

다양한 모양과 색깔의 찻잔이 있다.
차 시음을 제대로 시작하고 싶다면 몇 가지 고려할 점이 있다.

재질

자기로 만든 찻잔은 열을 오랫동안 보존하기 때문에 사용하기 좋다. 반면, 아이스티를 마실 때는 유리잔이 좋으며, 특히 화이트와인 잔이 다른 유리잔에 비해 차의 아로마를 느끼기 좋다.

모양과 두께

〈역삼각 모양〉이나 〈튤립 봉오리 모양〉의 찻잔은 차의 아로마를 모아 주는 장점이 있다. 찻잔 가장자리는 상대적으로 얇아야 입술에 닿았을 때 가볍고 기분 좋은 느낌을 준다.

색깔

색깔이 있는 찻잔은 차의 여러 가지 겉모습을 분석하는 데 방해가 된다. 몇몇 시음회에서는 흰색 잔만 사용하기도 한다.

손잡이 유무

앞에서 설명한 부분처럼 중요하지는 않다. 찻잔의 온기를 손가락으로 느끼고 싶은지 아닌지는 스스로 정하면 된다.

대표적인 도자기

유럽과 마찬가지로 아시아에도 뛰어난 품질로 수 세기를 살아남은 도자기 브랜드가 존재한다.

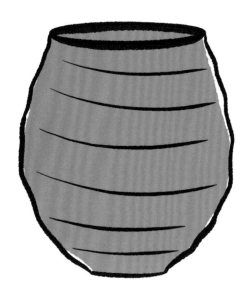

다카토리[高取] 도자기

일본에서 다카토리 도자기가 알려지기 시작한 것은 17세기 초부터이다. 차를 즐겨 마시던 무사 고보리 엔슈가 다회(茶會)에서 최고급 다카토리 도자기를 사용했다고 한다. 다카토리 장인들은 매우 정교하게 도자기를 만들었는데, 그들이 만든 도자기는 가볍고 매끈하며 매우 다양한 색깔의 유약을 사용했다.

지금은 겨우 열 명 정도의 장인이 작업을 계속하고 있으며, 다회용 도자기의 전통을 이어가고 있다.

오니마루 헤키잔도 그중 한 명이다. 일본 후쿠오카현 도호무라[東峰村]에 거주하는 오니마루 헤키잔은 실력을 인정받은 장인들만 가입할 수 있는, 권위 있는 일본공예회(日本工芸会)의 회원이다(일본 〈무형문화재〉로 인정받은 장인도 있다). 세련미에 더해 오니마루의 작품에는 특별한 점이 있는데, 잔을 빚는 흙, 굽기 전에 칠하는 유약의 재료인 광물과 숯을 만들고 남은 재, 가마에 불을 때는 장작 등을 모두 오니마루가 사는 마을 주위에서 구할 수 있는 천연재료로 사용한다는 점이다.

몇 년 전부터 오니마루 헤키잔은 차 시음을 위해 특별히 고안된 여러 가지 도자기 찻잔을 개발하고 있다. 이 찻잔은 물레로 작업해서 유약을 발라 굽기 때문에, 저마다 독특한 아름다움을 자랑한다.

메종 베르나르도(La maison Bernardaud)

프랑스, 더 정확히는 세브르(Sèvres)와 리모주(Limoges)에서는 18세기 중반에 도자기 생산이 시작되었다.

2017년부터 IGP((indication géographique protégée, 지리적 표시 보호)를 적용받고 있는 리모주 도자기는 최고의 명성을 자랑한다.

지금도 리모주에서 운영 중인 10여 개의 브랜드 중 1863년에 설립된 베르나르도(Bernardaud)가 특히 유명한데, 미셸 베르나르도가 그 아름다운 여정을 이어가고 있다.

베르나르도의 찻잔은 믿을 수 없을 만큼 가볍고 얇은데, 사용하는 고령토(도자기 제조에 필수적인 광물)의 품질이 매우 뛰어나다. 단 하나의 제품을 생산하는 데 참여하는 사람이 50여 명이나 되니, 50명의 각기 다른 사람들의 노하우가 모여 만들어지는 도자기인 셈이다.

완성된 제품의 80%만이 판매 가능 판정을 받을 만큼, 베르나르도 도자기의 품질은 제작과정에서 나온다.

차 시음에 완벽하게 어울리는 두 모델로 〈자르뎅 엥디엥(Jardin indien)〉 라인의 찻잔(130㎖)과 〈킨츠기(Kintsugi)〉 라인의 루즈 앙프뢰르(Rouge Empereur) 찻잔(100㎖)을 추천한다.

여러 가지 시음 방법

시음의 목적은 편견 없이 각 차의 특성을 파악하는 것이다.
이를 위해 전문가들은 완벽하게 동일한 조건에서 품평 대상이 되는 여러 종류의 차를 맛본다.
진행 방법은 미국식 시음과 영국식 시음 두 가지가 있다.

미국식 시음

미국식 시음 방법은 미국, 일본뿐 아니라 여러 나라에서 사용된다.
필요한 도구 _ 도자기 볼, 거름망, 스푼
우리기 _ 찻잎 4g에 물 200㎖를 부어 우려낸다. 마른 찻잎을 접시에 담아 볼 옆에 놓고, 뜨거운 물을 붓기 전과 후, 두 차례에 걸쳐 관찰한다. 모든 아로마를 명확히 구분하기 위해서는 여러 번 반복해서 맛보고 관찰하는 것이 좋다. 차가 뜨거울 때 맛보고, 식은 뒤에 다시 맛본다. 시간을 두고 관찰하기 위해 오래 우려내고, 급격한 변화가 있는지 자세히 살펴본다.
만약 차의 색깔(수색)이 변했다면 살청이 제대로 이루어지지 않았기 때문이다.

물을 붓기 전

◢ **시각**

찻잎의 모양, 색, 구성을 분석한다. 찻잎이 손상되지 않고 균일한지, 부서진 찻잎이 많은지 살펴본다.

◢ **촉각**

찻잎이 지나치게 마르거나, 지나치게 축축하면 안 된다. 겉으로 보기에 윤기가 돌고 어느 정도 〈무게감〉이 느껴질 경우, 보통 품질을 보증할 수 있다.

물을 부은 뒤

물을 끓여서 200㎖ 용량의 볼에 가득 차도록 붓는다.

◢ **잎 모양**

찻잎이 천천히 펴지는지, 빠르게 펴지는지, 펴진 모습이 균일한지 아닌지 살펴본다.

◢ **아로마**

거름망을 이용해 찻잎을 걸러낸 다음, 볼을 45° 기울여서 찻잎이 발산하는 아로마를 충분히 느껴본다.

◢ **맛**

다양한 풍미를 느끼기 위해 작은 스푼으로 차를 맛본다.

영국식 시음

인도에서 많이 사용하는 시음 방법을 영국식이라고 한 것은, 영국과 인도가 역사적으로 매우 밀접한 관계였음을 말해준다. 프랑스에서도 많이 사용하는 방법이다.

필요한 도구 _ 도자기 찻잔과 볼, 뚜껑, 스푼
우려내기 _ 찻잎 2g에 물 100㎖를 붓고 3분 동안 우려낸다. 차를 볼에 붓는다. 찻잎은 잔에 그대로 둔다. 영국식 시음법에서는 찻잎과 찻물(차탕)을 따로 분석한다.

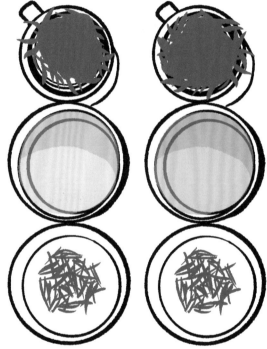

관찰과 시음

먼저 뚜껑의 향부터 맡아보는데, 차를 우리는 과정에서 발산된 아로마가 뚜껑에 모이기 때문이다. 이어서 찻잎을 걸러낸 상태로 찻물을 분석한다. 차의 향을 맡아본 다음, 스푼을 이용해 맛을 본다. 이 과정을 여러 번 반복해서 같은 방식으로 우려낸 다양한 차들과 비교한다.

테이스팅 세트

물론 장인이 만든 개완 같은 매력은 없지만, 테이스팅 세트는 모든 종류의 단일 산지차를 우려낼 때 사용할 수 있다. 시음 전문가들은 영국식 테이스팅 세트를 많이 사용하는데, 가장자리에 톱니모양으로 홈이 파인 컵과 뚜껑, 볼로 구성되어 있다. 차가 충분히 우러나면 볼에 부어서 시음한다.

투차 또는 차 가부키

투차(鬪茶)는 음악을 듣고 어떤 음악인지 알아맞히는 것처럼,
차에 대한 정보 없이 맛을 보고 차의 산지를 알아맞히는 놀이이다.
이 놀이는 중국에서 불교를 공부하고 돌아온 승려들이
일본에 맛차를 들여오던 12세기에 이미 시작되었다.

투차, 또는 〈차 싸움〉

12~15세기에 일본에서는 기묘한 싸움이 벌어졌다. 그것은 일종의 놀이였는데, 무사들은 차를 맛보고 산지를 알아맞히는 이 놀이에 참가하기 위해 잠시 칼을 내려놓았다.

규칙

이 놀이에서는 열 가지 차를 사전 정보 없이 맛본다. 이긴 사람은 참가자들이 걸어놓은 상품들, 이를테면 금붙이, 장인이 만든 칼, 고급 기모노, 심지어 땅까지 모두 가져갈 수 있다.

놀이의 진행

각 차가 나올 때마다 참가자들은 〈네〉, 〈아니오〉로 답한다.
네_ 방금 마신 차는 당시 최고급으로 꼽히던 교토의 도가노오[梅の 尾]에서 생산된 차가 맞다.
아니오_ 다른 산지에서 생산된 차이다.

정답을 가장 많이 맞힌 사람이 참가자들이 걸어놓은 상품을 가져간다. 종종 투차가 끝난 뒤, 이어서 다른 투차 판이 벌어지기도 한다(최대 10번까지 진행되었다). 투차는 사케를 곁들인 잘 차린 식사로 마무리되곤 했다.

투차는 금세 무사들이 좋아하는 놀이가 되었다. 1336년 무로마치 막부의 초대 쇼군이었던 아시카가 다카우지가 겐무시키모쿠[建武式目]라는 법령을 통해 금지령을 내릴 정도로 열풍은 대단했다. 투차의 인기는 한동안 지속되었지만, 지나치게 사치스러운 놀이 방식은 사람들의 마음에 큰 부담을 줬다.

그래서 사람들은 점점 차를 즐길 때 좀 더 내면의 세계에 집중하는, 절제된 방식을 찾게 되었다. 이러한 생각의 변화는 오늘날의 다도로 발전하는 첫걸음이 되었다.
〈투차(차 싸움)〉라는 표현은 훨씬 평화로운 〈차 가부키[茶歌舞伎]〉, 또는 〈차 시음 놀이〉라는 표현으로 대체되었다.

차 가부키

먼저, 차를 제공하는 역할을 할 진행자를 정하고, 세 가지 다른 차를 고른다(참가자의 수준에 따라 더 많이 고르기도 한다).
이때 차는 되도록 색깔(수색)이 비슷한 차를 고른다. 예를 들면 녹차 세 가지 또는 홍차 세 가지를 고르는 것이다(차이가 너무 뚜렷하면 알아맞히는 사람이 흥미를 잃게 된다).
각각의 차를 1, 2, 3 등의 숫자나 A, B, C 등의 알파벳으로 지정해 두는데, 참가자들이 시음하지 않은 한 가지 차에는 물음표를 붙여둔다.

진행 방법

같은 방법으로 준비한 차를 각각 시음한다. 사용하는 찻주전자, 찻잎과 물의 양, 그리고 우려낸 시간까지 모두 같아야 한다. 세 가지 차 중에서, 진행자는 1번 차와 2번 차를 순서대로 시음하게 한다. 나머지 차는 시음하지 않는다.
이 게임에서 각 참가자는 카드 3장(1, 2, ?)으로 답을 정하는데, 물음표는 참가자들이 시음하지 않은 차를 표시하는 카드이다. 물론 게임에 방해가 될 수 있는 모든 단서는 숨겨야 한다.
이제 진행자는 세 가지 차를 무작위로 맛보게 하고, 참가자들은 자신이 처음에 맛본 차라 생각되는 차에 해당하는 카드를 내놓는다. 한번 정한 답은 바꿀 수 없다.
틀린 답을 내지 않은 사람 또는 가장 많이 맞힌 사람이 승자가 된다.
이 밖에도 여러 가지 방식으로 차 가부키를 즐길 수 있다.

자, 이제 차 가부키를 시작해보자.
차 가부키를 시작하기 좋은, 두 가지 구성을 소개한다.

- **세 가지 홍차_** 여름 다르질링(세컨드 플러시), 아삼, 치먼[祁門, 기문]. 찻주전자의 용량은 110㎖, 찻잎은 3g, 물 온도는 90℃, 우리는 시간은 1분. 작은 흰색 자기 잔을 사용해서 시음한다.
- **세 가지 녹차_** 센차, 중국 녹차, 교쿠로. 저그 또는 유리병(아이스티를 만들 때 사용하는 도구)에 물 500㎖와 찻잎 10g을 넣는다. 냉장고에서 3시간 동안 냉침하여 우려낸 다음, 마시기 전에 찻잎을 걸러낸다. 작은 흰색 사기잔이나 유리컵을 사용해서 시음한다.

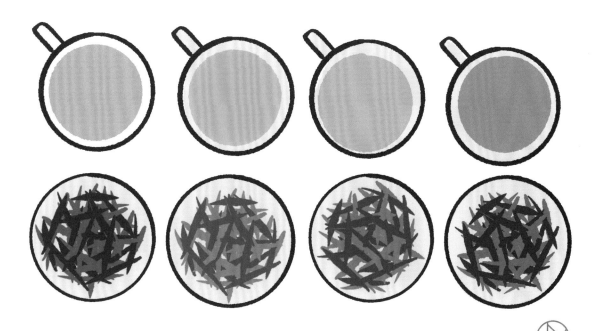

교양을 보여주는 중국식 차 시연

중국에도 12~15세기에 차를 두고 경합을 벌이는 놀이가 있었다. 참가자들이 각자 차를 우려내고, 사람들은 차를 맛본 뒤 차를 가장 잘 우려낸 사람을 정했다. 이 놀이는 교양 있는 사람이라면 차를 준비하고 이를 통해 감동을 줄 수 있다는 것을 증명하는 자리였다.

일본의 다도

일본의 다도는 극도로 형식화된 의식으로, 이 의식에는 다양한 변주가 존재한다.
〈우스차[薄茶, 연한 맛차]〉를 가장 많이 마시며,
15분 정도 진행되거나 상황에 따라 더 오래 걸리기도 한다.

구성

참가자

주인(주최자)은 다회의 진행 과정을 완벽하게 숙지해야 한다. 손님은 초보자여도 괜찮다.

목적

과자를 곁들여 맛차 한 잔을 마시며, 당연한 말이지만 즐거운 시간을 보낸다.

장소

다회를 위해 준비된 전용 공간인 전통적인 다실, 또는 자신의 집에서 열 수 있다.

다회 준비

형식적인 성격이 매우 강한 다도에서는 장식, 사용하는 물품, 손님에게 제공되는 차 또는 과자를 통해 개성을 표현할 수 있다. 다회가 진행되는 장소에는 바닥이 다른 곳보다 한 층 더 높은 공간이 있는데, 도코노마[床の間] 또는 도코라고 부른다. 주인은 손님을 위해 특별히 고른 장식품 두 가지를 이곳에 장식한다.

- 그림이 함께 그려져 있는 서예작품 또는 대부분의 경우 다회의 주제와 관계있는 단어 몇 가지가 적혀 있는 족자.
- 계절에 맞는 꽃. 항상 홀수로 다양한 재질의 꽃병에 꽂는다. 인간과 자연의 관계를 표현하는 등의 의미가 있다.

도구

주인은 가마(물을 끓이는 용도의 주물솥), 히샤쿠[柄杓, 표자(국자)], 차완[茶碗, 차를 담는 볼], 차센[茶筅, 차선(대나무 거품기)], 차사지[茶匙, 차시(찻숟가락)], 나쓰메[棗], 다호(맛차를 담아두는 단지)]를 갖추고, 이 도구를 깨끗이 닦는 의식을 진행한다.

네모난 비단보인 후쿠사[服紗]를 이용해 나쓰메와 차사지를 닦는다. 그런 다음 물을 차완에 부어 차센을 헹구고 작은 흰색 차킨[茶巾, 다건]으로 차완을 닦는다.

차 준비와 시음

주인이 준비한 맛차를 마시기 전에 먼저 나오는 작은 와가시[和菓子, 화과자]는 차의 향과 맛을 잘 느끼게 해준다. 과자는 언제나 재료(계절 과일 등) 또는 겉모습(예를 들어 벚꽃 무늬는 봄을 상징한다)을 통해 사계절을 표현해야 한다. 손님은 동작을 통해 자신의 감사하는 마음과 겸손을 표현한다. 먼저, 과자가 담긴 접시를 들어올려 과자를 먹는다. 다음으로 차완을 들고 차완의 얼굴(차완의 가장 아름다운 면)이 더러워

지지 않도록 살짝 돌려서 천천히 차를 마신다(최소 세 모금이나 네 모금으로 나눠서 마신다). 맛차를 다 마시면 가이시[懷紙]라는 종이를 이용해 입술이 닿은 부분을 닦는다. 그런 다음 차완을 원래대로 돌려서 테이블 위에 놓고, 주의 깊게 감상한다. 원한다면 주인에게 차완을 만든 장인이나 차완의 이름 등을 물을 수 있다.

다회의 마무리

주인이 다회 중에 사용하는 차사지와 같은 도구들을 소개하여 손님들이 그 아름다움을 감상하는 시간을 갖는다.

차완과 차센 등 차를 내는 데 사용한 몇 가지 도구를 깨끗하게 닦는 의식이 진행된다.
주인은 손님에게 차를 내기 전에 도구를 닦은 것처럼, 의식에 사용한 도구를 다시 한 번 깨끗하게 닦는다.

다도

참석자들의 유대

다도는 의식 그 자체로 끝나는 것이 아니다. 특히 참석자들을 서로 이어주는 역할을 하는 것이 중요하다. 자연이 만들어낸 풍경, 사계절의 덧없음, 또는 사용한 다구 등을 함께 감상하며 주인과 손님이 서로를 이해하고 기쁘게 하는 각자의 역할을 다함으로써 조화를 이룬다.

개인의 발전

일본의 다도는 육체와 정신은 하나라는 불교적 원칙에 기반을 두고 있다. 불교에서는 단순한 육체적 행동이 정신에 영향을 미치고, 우리의 정신상태도 육체에 영향을 미친다고 가르친다. 차를 마시는 것은 그러한 육체적 행동 중 하나이고, 시간의 흐름과 의식화 과정을 통해 〈다도〉로 변화되어 더욱 발전하기 위해 끊임없이 정진하는 것이다.

영국의 차

잘 알려져 있듯이, 영국은 막강한 차 소비국이다.
영국인들의 일상을 살펴보면 이를 확인할 수 있다.
아시아에서 차를 발견한 뒤, 영국인들은 그들의 경제력으로 차를 대중화시키기 위해 노력했다.

중국에서 인도까지

처음에는 영국 동인도회사가 중국에서 차를 수입하였다. 이어서 영국
은 인도, 더 정확하게는 아삼과 다르질링에서 차를 재배하기 시작했
다. 이러한 노력 덕분에 저렴한 가격으로, 그리고 무엇보다 수요를 충
족시킬 수 있을 만큼 충분한 양의 차를 공급할 수 있게 되었다.

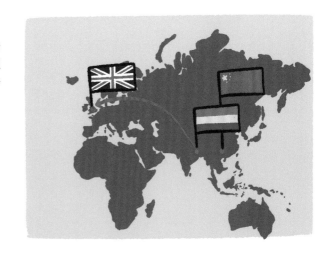

언제나 차를 마시는 영국인

영국인은 하루종일 홍차를 마신다. 일어났을 때, 아침식사 때, 11시경
(elevenses tea), 점심식사 후, 15시 30분경(그 유명한 애프터눈 티), 저녁식
사 후, 심지어 자기 전까지. 그러니 1인당 연간 차 소비량이 2㎏이나 된다는
사실이 그다지 놀랍지 않다.

애프터눈 티

마음을 나누는 즐거운 시간이다. 친구들을 초대해 스콘, 달콤
하거나 짭짤한 작은 비스킷 등을 곁들여 차를 마신다. 이 전통
은 19세기 중반 영국 귀족들 사이에서 시작된 것으로, 그 뒤
대중들 사이로 널리 퍼져나갔다.

밀크티

영국에서는 일상적으로 차에 우유를 곁들인다. 이러한 관습은 간단한 이유로 설명할 수 있다. 영국에서는 아삼과 스리랑카산 홍차를 많이 마시는데, 이 홍차는 빨리 우러나고 우유를 타도 맛이 진하기 때문이다. 그러나 우유를 넣으면 떫은맛은 중화되지만 차 맛의 균형이 깨질 수 있다.

밀크티에는 어떤 홍차를 써야 할까?

〈아사미카〉 품종으로 만든 홍차(아삼, 스리랑카, 케냐 등)는 우유를 첨가해도 맛이 약해지지 않는다. 또한 〈CTC〉 가공법(p.75 참조)으로 만든 홍차도 사용할 수 있다. CTC 홍차는 찻잎이 부스러져서 빨리 우러나고, 수색이 진하며, 약간의 쓴맛이 나기 때문에, 우유를 넣으면 균형이 맞아 맛이 잘 어우러진다.

우유를 먼저 넣을까, 차를 먼저 넣을까?

차와 우유 중 무엇을 먼저 잔에 부을지는 오래된 논쟁거리이다. 기쁘게도, 21세기 초에 영국 왕립화학회(Royal Society of Chemistry)가 이 논쟁에 마침표를 찍었다. 〈찻잔에 우유를 먼저 부은 다음 차를 넣으세요. 우유의 단백질은 75℃ 이상에서 변성을 일으켜 좋지 않은 맛을 냅니다. 만일 아주 뜨거운 홍차 위에 우유를 붓는다면 우유의 온도가 75℃ 이상 올라갈 위험이 있습니다(우유를 먼저 붓고 홍차를 부으면 우유의 온도가 서서히 올라가기 때문에 단백질 변성이 잘 일어나지 않는다).〉

터키의 차

터키 하면 보통 커피를 떠올리지만, 터키는 영국만큼 홍차를 많이 소비하는 나라이다(1인당 연간 2kg 이상).
사실, 터키는 차 재배에 유리한 기후 덕분에 1년에 21만 톤 이상의 차를 생산하며,
그중 대부분을 자국 내에서 소비한다.

차나무 재배 역사

터키의 차나무 재배는 주로 리제(Rize)주 흑해 연안에서 이루어진다. 터키에서는 차나무 재배가 비교적 최근에 시작되었다. 1930년대로 거슬러 올라가 당시 무스타파 케말 아타튀르크(Mustafa Kemal Atatürk) 대통령이 국가 근대화를 위해 조지아에서 차나무 씨를 들여와 이 지역에 심었다.

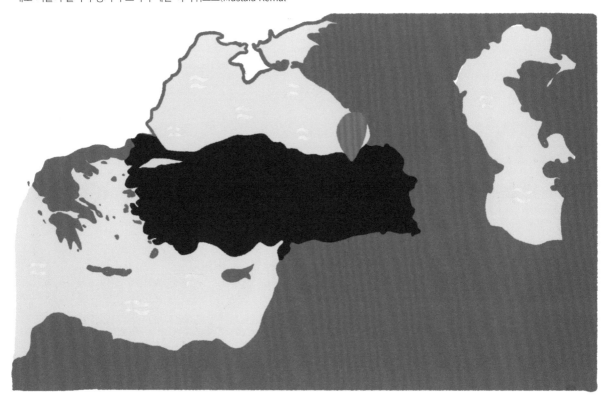

차 준비와 시음

차이(çay, 터키어로 차를 의미)는 매우 오래 우려낸 홍차이다. 강한 맛을 상쇄시키기 위해 설탕을 많이 넣는다. 또한 차이는 유리잔으로 마시며 우유를 넣지 않는다.

차이를 만들 때는 차이단륵(çaydanlık)이라는 도구를 사용하는데, 주전자 두 개를 겹쳐서 끼운 모양으로 완전히 분리할 수 있다. 물은 아랫단 주전자에 붓고, 찻잎은 윗단 주전자에 넣는다. 물이 끓으면 물을 윗단 주전자(찻주전자의 역할도 한다)에 부은 다음, 약불에서 15~20분 정도 차를 우려낸다.

완성된 차이는 유리잔에 따라서 마신다. 차가 지나치게 진하면 취향에 따라 물과 설탕을 더 넣는다.

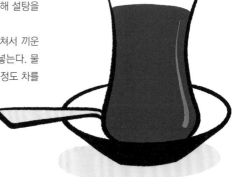

센노리큐(일본 다도의 아버지, 1522~1591)

센노리큐[千利休]는 일본 다도의 3대 유파인 우라센케[裏千家], 오모테센케[表千家], 무샤노코지센케[武者小路千家]의 시초가 된 인물이다. 이 다도 유파들은 차노유[茶の湯] 또는 차도[茶道]라고 불리는 다도 예술을 전승하고 있다. 우라센케의 대종장은 센노리큐의 다도 정신을 다음과 같이 사규(四規)로 요약하여 설명한다.

- 🍃 화(和) : 평화와 조화
- 🍃 경(敬) : 상호존중
- 🍃 청(淸) : 정신의 순수함
- 🍃 적(寂) : 흔들리지 않는 마음

다시 말해, 한 잔의 차를 준비하거나 마시는 행위를 통해 조화를 이루고, 서로 존중하며, 마음을 깨끗이 정화하여, 어떤 상황에서도 평온하고 강인한 내면세계를 구축하는 것이다.

CHAPTER

Nº

차 종류별 시음 방법

시음 설명서

시음 도구

이상적인 시음을 위해서는 규스나 개완처럼 차의 맛이 남지 않는 재질의 찻주전자를 갖출 것을 강력하게 추천한다. 그래야 모든 종류의 단일 산지차를 마실 수 있기 때문이다.
단, 가향차는 단일 산지차를 우려낼 때 사용하는 도구가 아닌 다른 도구를 사용한다(예를 들면 머그컵).

우리는 시간

정해진 시간은 쓴맛을 필요 이상 우려내지 않고 차의 아로마를 즐길 수 있게 해준다. 물론 시간을 늘리는 것은 당신의 자유이다.

용량

큰 찻주전자를 사용하면 차를 많이 우려낼 수 있다. 단, 찻잎과 물의 비율을 지키는 것이 중요하다(물 100㎖당 2g).

취향에 따라 조절

만약 차의 떫은맛(수렴성)이 지나치게 강하게 느껴지면, 우리는 시간과 찻잎의 양을 줄이고 물 온도를 낮춘다. 반대로 차가 조금 연하면 물 온도를 높이고 찻잎의 양과 우리는 시간을 늘린다. 만약 이 모든 조치에도 입에 맞는 차를 만들 수 없다면 다음을 확인한다.

- **차의 품질_** 전문가에게 조언을 구한다.
- **사용한 물_** 미네랄 함유량이 적은 물을 사용한다.

규스를 사용한 시음 방법

특별한 경우를 제외하고 120㎖ 용량의 규스로 차를 우려낼 때는 다음을 기준으로 한다. 물만 더 부으면 같은 잎으로 여러 번 차를 우려낼 수 있다. 보통 3번까지 차를 우릴 수 있다고 하지만, 더 우려내는 경우도 있다. 물에 더 이상 향과 맛이 우러나지 않으면, 그때가 찻잎을 버릴 때이다.

1차 우리기

❶ 규스에 찻잎을 넣는다.

❷ 권장 온도의 물을 붓고 뚜껑을 닫는다.

❸ 필요한 시간만큼 기다린 뒤 차를 잔에 따른다.

❹ 다 우리고 나면 뚜껑을 열어서, 규스 내부에 가득찬 열기로 인해 찻잎이 산화되는 것을 막는다.

두 잔 이상의 차를 우린다면, 각각의 잔에 번갈아 차를 따른다. 먼저 첫 번째 잔에 조금 따르고, 다른 잔에 또 조금 따르고……, 이런 식으로 돌아가며 잔을 채우는 것이다. 만일 첫 번째 잔을 다 채운 다음에 두 번째 잔을 채우면, 나중에 채운 잔에는 좀 더 오래 우러난 진한 차가 채워지게 된다. 차를 숙우(다도에서 끓인 물을 식히는 그릇)에 모두 부은 다음 찻잔에 따라도 좋다.

2차 우리기

1차와 같은 방법으로 진행하지만 우리는 시간을 좀 더 짧게 한다. 보통 규스에 물을 붓고 바로 따른다.

3차 우려내기

2차와 같은 방법으로 진행한다.

개완을 사용한 시음 방법

개완을 사용하는 방법은 아래 그림과 같다. 특별한 경우를 제외하고, 100㎖ 용량의 개완을 사용할 때는 다음을 기준으로 한다.

1차 우리기

❶ 찻잎을 개완에 넣는다. 권장 온도의 물을 붓고 뚜껑을 닫는다. 정해진 시간만큼 기다린다.

❷ 뚜껑을 옆으로 살짝 밀고 차를 잔에 따른다.

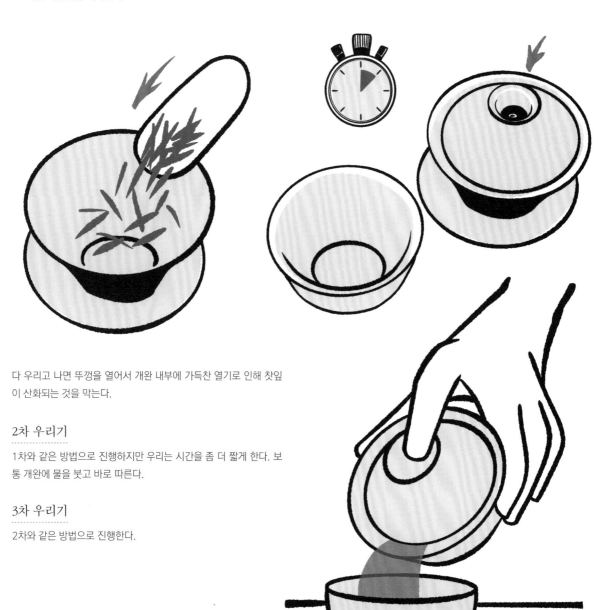

다 우리고 나면 뚜껑을 열어서 개완 내부에 가득찬 열기로 인해 찻잎이 산화되는 것을 막는다.

2차 우리기

1차와 같은 방법으로 진행하지만 우리는 시간을 좀 더 짧게 한다. 보통 개완에 물을 붓고 바로 따른다.

3차 우리기

2차와 같은 방법으로 진행한다.

〈영국식〉차 우리는 방법

용량이 큰 찻주전자를 사용해서 한 번에 좀 더 오래 우려내는 방식이다. 규스나 개완에 비해 차의 떫은맛이 좀 더 두드러진다.

- 찻잎 사용량 _ 500㎖ 찻주전자에 찻잎 10g
- 물 온도 _ 95℃
- 우리는 시간 _ 3분

먼저 찻주전자와 찻잔을 데워야 한다. 찻주전자에 끓는 물을 붓고 10초 뒤에 찻잔에 따라서 따뜻하게 데운 다음 물을 버린다.

우리기

찻주전자에 찻잎을 넣는다. 권장 온도의 물을 붓고 뚜껑을 닫는다. 필요한 시간만큼 기다린 다음, 차를 숙우에 부어 찻잔에 따른다.
찻주전자에 차를 그대로 두면 차가 계속 우러나서 차의 쓴맛이 매우 강해진다.

밀크티 마시기

차의 향과 맛을 해치지 않는 신선한 저온살균우유를 고른다(장기보관용 멸균우유는 좋지 않다). 유지방 함유량이 적어도 3.5%는 되어야 우러난 차와 조화를 이룬다.

만드는 방법

120㎖ 용량의 밀크티 잔에 진하게 우린 홍차를 75~80% 정도 채우고, 나머지는 우유로 채운다.
홍차는 앞에서 설명한 방법대로 준비하는데, 3분 동안 우린다. 잔에 뜨거운 물을 부어 따뜻하게 데운 뒤 잔을 비운다. 잔에 우유를 먼저 20~30㎖ 정도 붓고 차를 90~100㎖ 정도 따른다.

룽징차(봄 수확)

룽징[龍井]은 한자 그대로 〈용의 우물〉을 의미한다. 중국의 유명한 녹차 가운데 하나로, 현재 AOP(원산지 명칭 보호)를 적용받고 있다. 살청과 성형 단계에서 찻잎이 차를 덖는 솥의 열에 오래 노출됨으로써, 일본 센차와는 크게 다른 특징을 갖는다.

차 우리기

찻잎의 양_ 3g

- **1차 우리기_** 물 80℃, 규스 1분, 개완 50초
- **2차 우리기_** 물 80℃, 몇 초
- **3차 우리기_** 물 90℃, 몇 초

시음 노트

- **마른 찻잎_** 주름이 있고 납작함
- **아로마_** 견과류, 구운 향, 익힌 채소, 꽃, 아이오딘
- **풍미_** 부드러운 맛, 떫은맛 없음

재스민차(봄 수확)

재스민꽃을 이용해 차에 향을 입히기 시작한 것은 13세기부터이다. 재스민차를 대량으로 생산하는 방법은 20세기 초반 푸젠성에서 개발되었는데, 푸젠성은 쓰촨성과 함께 품질 좋은 녹차를 생산하는 곳으로 유명하다.

차 우리기

찻잎의 양_ 3g

- **1차 우리기_** 물 80℃, 규스 50초, 개완 40초
- **2차 우리기_** 물 80℃, 몇 초
- **3차 우리기_** 물 90℃, 몇 초

시음 노트

- **마른 찻잎과 새싹_** 꼬인 모양
- **아로마_** 재스민, 과일, 우유
- **풍미_** 단맛

푸얼성차(5 ~ 10년 숙성)

푸얼성차[普洱生茶, 보이생차]는 숙성고에서 일정 기간을 보내야만 그 특성이 나타나는 예외적인 차이다. 꽃의 풍미는 1~3년 뒤에 발달하고 과일의 풍미는 3~5년 뒤에 느껴지기 시작한다. 마지막으로, 달콤한 풍미(꿀 등)는 5~10년이 지나야 나타나며, 견과류의 풍미는 10년 뒤에야 느껴진다. 그러므로 차의 특성을 제대로 느끼기 위해서는 적어도 5년 이상 숙성시킨 푸얼차를 마셔야 한다.

차 우리기

찻잎의 양_ 3g

- **1차 우리기_** 물 95℃, 규스 30초, 개완 25초
- **2차 우리기_** 물 95℃, 몇 초
- **3차 우리기_** 물 95℃, 몇 초

시음 노트

- **마른 찻잎_** 크고 살짝 구겨져 있음
- **아로마_** 과일, 미네랄, 식물, 숲
- **풍미_** 단맛

센차 〈야부키타〉

시즈오카의 산간지역(차 재배에 안성맞춤인 기후 조건)에서 태어난 야부키타[藪北] 품종은 오늘날 일본 차 생산량의 80%를 차지하고 있다. 혼야마[本山], 덴류[天竜], 가와네[川根] 등이 가장 유명한 산지이다.

차 우리기

찻잎의 양_ 3g

- **1차 우리기_** 물 70℃, 규스 1분, 개완 50초
- **2차 우리기_** 물 70℃, 몇 초
- **3차 우리기_** 물 80℃, 몇 초

시음 노트

- **마른 찻잎_** 바늘모양으로 성형
- **아로마_** 꽃, 식물, 아이오딘
- **풍미_** 매우 뚜렷한 감칠맛, 약간의 떫은맛

우지 맛차

대부분의 맛차[抹茶, 말차]는 여러 품종의 차를 섞어서 만든다. 우지[宇治]에서 주로 재배되는 품종으로 향이 매우 강하고 살짝 떫은맛이 있는 아사히[朝日], 균형이 잘 맞고 부드러운 사미도리[さみどり], 매우 섬세한 야부키타가 있다. 맛차는 물에 풀어서 마시는 차이므로 우려서 마시는 다른 차들과는 달리, 차 맛의 균형은 물 온도가 아니라 계절에 달려 있다. 겨울에는 뜨겁게, 여름에는 덜 뜨겁게 마신다. 우지 맛차는 우려내는 것이 아니므로, 차센(대나무 거품기), 차완, 체를 이용하여 준비한다.

차 만들기

용량_ 맛차 2g에 물 80㎖
물 온도_ 물 60~90℃

맛차를 차완 위에서 체에 내린다. 물을 붓고 차센으로 처음에는 천천히, 그 뒤에는 힘차게 저어서 잘 유화된 거품을 만든다. 이 과정에서는 몇 초 동안 차선을 빠르게 앞뒤로 움직이는 것이 중요하다. 얇은 거품막이 만들어지면 차를 마실 수 있다.

시음 노트

- **겉모습_** 녹색 가루
- **아로마_** 식물, 꽃, 견과류, 아이오딘
- **풍미_** 매우 뚜렷한 감칠맛, 약한 떫은맛

겐마이차(봄 수확)

1920년대 말 일본의 차 도매상이 센차와 볶은 쌀을 섞은 겐마이차[玄米茶, 현미차]를 만들었다. 향이 적고 떫은맛이 강한 두물차(두 번째 수확)보다 첫물차(첫 번째 수확)로 만든 겐마이차(프리미엄)가 맛이 더 좋다.

차 우리기

용량_ 3g

- **1차 우리기_** 물 80℃, 규스 55초, 개완 45초
- **2차 우리기_** 물 80℃, 몇 초
- **3차 우리기_** 물 90℃, 몇 초

시음 노트

- **마른 찻잎_** 바늘모양으로 성형
- **아로마_** 볶은 쌀, 식물, 아이오딘
- **풍미_** 단맛

우지 교쿠로

우지 지역에서 생산되는 교쿠로[玉露, 옥로]의 경우 특히 감칠맛과 단맛이 강하다. 〈사미도리[さみどり]〉 품종을 가장 많이 재배하며, 〈고코[五香]〉 역시 섬세한 풍미로 좋은 평가를 받고 있다. 가장 유명한 산지는 교타나베[京田辺]와 우지시 시라카와[宇治市 白川]이다.

차 우리기

찻잎의 양_ 5~6g

- **1차 우리기_** 규스에 교쿠로 찻잎을 넣고 50℃ 물을 붓는다(찻잎보다 조금 위까지). 뚜껑을 닫는다. 2분 30초 뒤에 찻잔에 따른다.
- **2차 우리기_** 찻잎 위에 50℃ 물을 붓고 1분 동안 우린 다음, 찻잔에 따른다.
- **3차 우리기_** 2차와 같은 방법으로 진행한다. 1분 뒤에 잔에 따른다.
- **4차 우리기_** 물 60℃, 15초
- **5차 우리기_** 물 70℃, 10초. 이 단계부터는 규스에 물을 가득 채울 수 있다.
- **6차 우리기_** 물 85℃, 몇 초
- **7차 우리기_** 물 95℃, 몇 초

시음 노트

- **마른 찻잎_** 바늘모양으로 성형
- **아로마_** 식물, 견과류, 꽃, 아이오딘
- **풍미_** 매우 뚜렷한 감칠맛. 쓴맛 없음

볶은 녹차(호지차)

1920년대 말, 교토의 차 도매상은 지나치게 많이 쌓인 재고를 처리하기 위해 찻잎을 볶아서 새롭게 활용하기로 했다. 호지차[焙じ茶]는 그렇게 탄생했다. 볶는 과정에서 녹차의 쓴맛이 완전히 사라져 평소 녹차를 우리는 온도보다 더 높은 온도에서 우릴 수 있기 때문에, 그 향을 온전히 느낄 수 있다.

차 우리기

찻잎의 양_ 3g

- **1차 우리기_** 물 95℃, 15초
- **2차 우리기_** 물 95℃, 몇 초
- **3차 우리기_** 물 95℃, 몇 초

시음 노트

- **마른 찻잎_** 센차와 비슷하지만 호박색을 띤다.
- **아로마_** 구운 헤이즐넛, 나무
- **풍미_** 단맛, 감칠맛

바이하오인전

바이하오인전[白毫銀針, 백호은침]은 차나무의 새싹으로만 만드는 매우 섬세한 차이다. 오랫동안 중국 푸젠성에서 극히 한정된 양만 만들었지만, 수요가 많아지면서 지금은 다른 몇몇 나라에서도 생산된다.

차 우리기

찻잎의 양 _ 2g

- **1차 우리기 _** 물 95℃, 규스 30초, 개완 20초
- **2차 우리기 _** 물 95℃, 몇 초
- **3차 우리기 _** 물 95℃, 몇 초

시음 노트

- **마른 새싹 _** 흰 솜털로 덮여 있다.
- **아로마 _** 과일, 꽃, 바닐라
- **풍미 _** 단맛

황차

가장 유명한 황차는 준산인전[君山銀針, 군산은침]으로, 극히 한정된 양만 생산된다. 준산인전은 구하기 어려우므로 어린잎과 새싹을 섞어 만든 다른 황차로 눈을 돌리는 것이 좋다. 여기서는 중국 중산섬이 아닌 다른 지역에서 생산된 황차를 우리는 방법을 소개한다. 대부분 새싹과 그 아래 두 번째 또는 세 번째 잎이 섞여 있다.

차 우리기

찻잎의 양 _ 3g

- **1차 우리기 _** 물 80℃, 규스 1분, 개완 50초
- **2차 우리기 _** 물 80℃, 몇 초
- **3차 우리기 _** 물 80℃, 몇 초

시음 노트

- **마른 찻잎 _** 황금빛이 도는 예쁜 노란색 새싹과 잎
- **아로마 _** 식물
- **풍미 _** 부드러운 맛, 감칠맛

리산 가오산차(우롱차)

타이완 리산[梨山] 지역의 가오산차[高山茶, 고산차]는 산악지대에서 나는 최고의 차이다. 리산 기슭 해발 1,500~2,400m에서 수확한다. 가볍게 산화시킨 우롱차.

차 우리기

찻잎의 양 _ 3g

- **1차 우리기** _ 물 95℃, 30초
- **2차 우리기** _ 물 95℃, 몇 초
- **3차 우리기** _ 물 95℃, 몇 초

시음 노트

- **마른 찻잎** _ 구슬모양으로 성형
- **아로마** _ 꽃, 과일, 버터, 바닐라
- **풍미** _ 단맛

바이하오우롱

바이하오우롱[白毫烏龍, 백호오룡]은 강하게 산화시킨 타이완의 우롱차이다. 빅토리아 여왕이 그 맛을 보고 동양 여성의 아름다움에 비유했다고 해서 〈동방미인(Oriental Beauty)〉이라고도 부른다.

차 우리기

찻잎의 양 _ 3g

- **1차 우리기** _ 물 95℃, 30초
- **2차 우리기** _ 물 95℃, 몇 초
- **3차 우리기** _ 물 95℃, 몇 초

시음 노트

- **마른 찻잎** _ 크고 구겨져 있으며, 새싹이 들어 있다.
- **아로마** _ 꽃, 과일, 꿀
- **풍미** _ 단맛

안시톄관인

안시톄관인[安溪鐵観音, 안계철관음]은 과일과 꽃(난꽃)의 노트를 발산하는 우롱차이다. 산화를 상당히 진행시켰는데도(중간 정도) 찻잎은 비교적 녹색을 띤다.

차 우리기

찻잎의 양_ 3g

- **1차 우리기_** 물 95℃, 30초
- **2차 우리기_** 물 95℃, 몇 초
- **3차 우리기_** 물 95℃, 몇 초

시음 노트

- **마른 찻잎_** 구슬모양으로 성형
- **아로마_** 꽃, 버터, 바닐라
- **풍미_** 단맛

다홍파오

덖은 우롱차인 다홍파오[大紅袍, 대홍포]는 매우 유명한 중국차로, 바위틈에서 자란 차나무의 잎으로 만든다. 과일향과 구운 향이 있다.

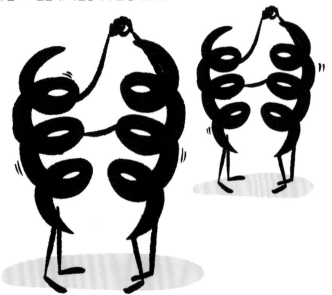

차 우리기

찻잎의 양_ 3g

- **1차 우리기_** 물 95℃, 30초
- **2차 우리기_** 물 95℃, 몇 초
- **3차 우리기_** 물 95℃, 몇 초

시음 노트

- **마른 찻잎_** 크고 꼬여 있다.
- **아로마_** 과일, 꽃, 구운 향
- **풍미_** 단맛

다르질링 홍차

봄에 수확한 다르질링 홍차(First Flush)는 한 번쯤 마셔보기 바란다. 섬세하고 복합적인 풍미로 인기 있는 홍차이다. 연한 갈색 찻잎에 부분적으로 녹색을 띠기도 한다.

차 우리기

찻잎의 양_ 3g

- **1차 우리기_** 물 90℃, 규스 30초, 개완 25초
- **2차 우리기_** 물 90℃, 몇 초
- **3차 우리기_** 물 90℃, 몇 초

시음 노트

- **마른 찻잎_** 작고 꼬여 있다.
- **아로마_** 꽃, 아몬드, 식물
- **풍미_** 단맛, 약한 떫은맛

네팔 홍차(여름 수확)

〈시넨시스〉 품종으로 만드는 홍차이다. 몇 년 전부터 네팔의 일부 다원에서는 다르질링 그랑 크뤼에 필적할만한 고급 차를 생산하고 있다.

차 우리기

찻잎의 양_ 3g

- **1차 우리기_** 물 95℃, 규스 25초, 개완 20초
- **2차 우리기_** 물 95℃, 몇 초
- **3차 우리기_** 물 95℃, 몇 초

시음 노트

- **마른 찻잎과 새싹_** 꼬여 있다.
- **아로마_** 꽃, 나무, 바닐라
- **풍미_** 단맛

아삼 TGFOP 홍차(여름 수확)

부수지 않은 온전한 찻잎(Whole Leaves)으로 만든 홍차로, 풍부한 바디감과 〈아사미카〉
품종 특유의 섬세한 쓴맛이 있다. 그래서 보통 우유와 함께 마신다.

차 우리기

찻잎의 양_ 3g

- **1차 우리기_** 물 95℃, 규스 25초,
  개완 20초
- **2차 우리기_** 물 95℃, 몇 초
- **3차 우리기_** 물 95℃, 몇 초

시음 노트

- **마른 찻잎_** 균일하게 잘 말려 있다.
  골든 팁(황금빛이 도는 새싹)이
  풍부하다.
- **아로마_** 향신료, 나무, 몰트
- **풍미_** 가벼운 쓴맛이 느껴지는
  균형 잡힌 맛

치먼 홍차

중국 치먼[祁門, 기문] 지역은 17세기 말 청나라 시대부터 이미 녹차로 유명했다. 하지만
홍차는 1875년이 되어서야 생산하기 시작했으며 이는 수출이 증가했기 때문이다.

차 우리기

찻잎의 양_ 3g

- **1차 우리기_** 물 95℃, 규스 25초,
  개완 20초
- **2차 우리기_** 물 95℃, 몇 초
- **3차 우리기_** 물 95℃, 몇 초

시음 노트

- **마른 찻잎_** 매우 가늘다.
- **아로마_** 카카오, 캐러멜, 꿀, 가죽
- **풍미_** 단맛

스리랑카 홍차(누와라엘리야)

해발 1800m에 위치한 누와라엘리야(Nuwara Eliya) 지역은 고급 차 생산에 유리한 조건을 갖추고 있다.

차 우리기

찻잎의 양_ 3g

- **1차 우리기_** 물 95℃, 규스 25초, 개완 20초
- **2차 우리기_** 물 95℃, 몇 초
- **3차 우리기_** 물 95℃, 몇 초

시음 노트

- **마른 찻잎_** 작고 꼬여 있다.
- **아로마_** 꽃, 아몬드, 식물
- **풍미_** 가벼운 떫은맛이 있는 단맛

랍상소우총

랍상소우총[正山小種, 정산소종]은 훈연과정을 거쳐서 만들어진다. 현재 2종류가 있는데, 하나는 섬세하고 과일향이 나며 훈연향이 강하지 않은 홍차이고, 나머지는 과일향은 없고 훈연향이 매우 강하며 오리지널 홍차와는 거리가 먼 차이다. 품질이 떨어지는 차로, 기본적으로 상업적인 목적을 위해 만든다.

차 우리기

찻잎의 양_ 2g

- **1차 우리기_** 물 95℃, 규스 25초, 개완 20초
- **2차 우리기_** 물 95℃, 몇 초
- **3차 우리기_** 물 95℃, 몇 초

시음 노트

- **마른 찻잎_** 작고 일정하다.
- **아로마_** 나무, 과일
- **풍미_** 가벼운 단맛

얼 그레이 티

전해오는 이야기에 따르면 그레이 백작(1764~1845)은 선물로 받은 중국차 랍상소우총의 과일향을 무척 좋아해서, 영국의 대표적인 차 브랜드인 트와이닝사에 같은 향의 차를 구해달라고 부탁했다고 한다. 이에 트와이닝은 비슷한 향을 낼 수 있는 유럽 과일을 찾아 나섰고, 마침내 베르가모트가 낙점되었다.

차 우리기

180~200㎖ 찻주전자
찻잎의 양_ 4g
    ⟳ **1차 우리기_** 물 95℃, 45초
    ⟳ **2차 우리기_** 물 95℃, 몇 초

100㎖ 머그컵
찻잎의 양_ 3g
    ⟳ **우리기_** 물 95℃, 30초

브렉퍼스트 티

여기서는 특정한 차를 지칭하는 것이 아니다. 하지만 브렉퍼스트(Breakfast)라는 이름은 티 블렌더가 차 브랜드를 위해 만든 제품을 가리킨다. 브렉퍼스트 티는 대부분 다양한 로트의 차를 블렌딩해서 만들며, 값이 저렴하고, 개성이 강하며, 조화로운 풍미를 지닌 경우가 많다.

차 우리기

우유 없이 마시는 경우
찻잎의 양_ 3g
    ⟳ **1차 우리기_** 물 90℃, 규스 30초,
        개완 20초
    ⟳ **2차 우리기_** 물 90℃, 몇 초
    ⟳ **3차 우리기_** 물 90℃, 몇 초

밀크티(120㎖)로 마시는 경우
브렉퍼스트 티로 밀크티를 만들 때는 차를 2분 30초 정도로 오래 우려내야 한다.
찻잔에 뜨거운 물을 부어 따뜻하게 데우고 물을 버린 뒤, 우유를 넣고(취향에 따라 20~30g) 차를 붓는다.

루이보스차

루이보스는 남아프리카공화국 원산의 작은떨기나무로, 잎을 이용해 카페인이 없는 허브차를 우려낼 수 있다. 아무것도 첨가하지 않은 천연 루이보스차와 향을 첨가한 가향 루이보스차가 있다.

차 우리기

머그컵에 루이보스차 2g을 넣고 끓는 물(또는 95℃) 100㎖를 붓는다. 3~5분 우려낸다. 다른 잔 위에 거름망을 대고 차를 부어 찻잎을 걸러낸 다음 마신다.

차이

차이(Chai)는 인도식 밀크티이다. 인도인들은 우유 외에도 향신료를 몇 가지 섞는다. 차이의 레시피는 지역마다 다르지만, 가장 많이 사용하는 향신료는 시나몬, 생강, 카르다몸, 검은 후추, 정향, 넛멕이다. 일부 상점에서는 홍차 잎에 향신료를 섞어서 〈차이 티〉 또는 〈마살라(Masala) 티〉라는 이름으로 판매한다.

차 우리기

냄비에 물 180㎖, 아삼 홍차(브로큰) 12g, 원하는 향신료 적당량(약 1/2ts)을 넣는다. 불에 올려 가열하고, 끓어오르면 3분 동안 끓인다.
우유 180㎖를 붓고 10분 정도 끓이면 우유가 홍차색으로 변한다.
취향에 따라 설탕을 넣고, 찻잔 위에 거름망을 대고 차를 따른다.

마테차

마테(Mate)차는 남미에서 생산되는데 현지에서는 마테 잎을 볶아서 차를 만들기도 한다. 카페인이 들어 있기 때문에 적당히 마시는 것이 좋다. 마테 잎을 네모 모양으로 작게 잘라서 만들며, 단맛과 매우 신선한 식물의 향이 느껴진다.

차 우리기

용량_ 마테 잎 2g에 물 100㎖
80℃ 물에 마테차를 넣고 3~5분 우린다. 잎을 걸러내고 마신다.

가향차

원리는 단순하다. 녹차, 우롱차, 홍차 등을 베이스로 아로마를 더한 것이다.
가향차를 우릴 때는 다른 차를 우릴 때 사용하는 도구는 가능하면 쓰지 않는 것이 좋다. 머그컵에 물 100㎖와 찻잎 2g이 기준이다.

구아야바 데 콜롬비아
(Guayaba de Colombia / Mariage Frères)

차보다 커피로 유명한 콜롬비아산 재료를 사용한 오리지널 블렌딩 티.
- 🍃 **베이스 티 _** 콜롬비아 녹차
- 🍃 **가향 재료 _** 콜롬비아산 핑크 구아바, 화이트 구아바

85℃ 물에 1분 우린 다음, 찻잎을 걸러내고 잔에 따라 마신다.

쓰가루 링고
[津軽りんご / Lupicia]

과일 블렌딩 티.
- 🍃 **베이스 티 _** 일본 센차(여름 수확)
- 🍃 **가향 재료 _** 아오모리현 특산 쓰가루 사과

85℃ 물에 1분 동안 우린다.

파리 포 허(Paris for her / Palais des thés)

유명 파티시에 피에르 에르메의 대표적인 디저트 〈이스파한(Ispahan)〉
을 연상시키는 블렌딩 티.
- 🍃 **베이스 티 _** 중국 녹차
- 🍃 **가향 재료 _** 장미, 라즈베리, 리치, 붉은 과일, 연꽃

85℃ 물에 1분 동안 우린다.

부케 도리앙(Bouquet d'Orient / Unami)

꽃과 과일의 블렌딩 티.
- 🍃 **베이스 티 _** 홍차
- 🍃 **가향 재료 _** 리치, 연꽃, 장미꽃잎

90℃ 물에 1분 동안 우린다.

크리스마스 블루(Christmas Blue / Neo-T)

크리스마스 시즌이 아닐 때 마셔도 좋은 맛있는 블렌딩 티.
- 🍃 **베이스 티 _** 우롱차
- 🍃 **가향 재료 _** 무화과, 시나몬, 호두

90℃ 물에 1분 동안 우린다.

카니발(Carnaval / George Cannon)

- 🍃 **베이스 허브(차는 넣지 않는다) _** 로즈힙(찔레나무 열매), 사과 조
  각, 오렌지 껍질
- 🍃 **가향 재료 _** 패션프루트, 열대 과일

95℃ 물에 3분 동안 우린다.

민트차

민트(Mint)를 우려서 만든 허브차는 17세기에 차가 전해지기 전부터 모로코에서 많이 마시던 음료이다. 일상적으로 즐겨 마실 뿐 아니라 손님에게 환영의 의미로 대접하기도 한다.

민트차는 금이나 은으로 장식된 큰 구리주전자에 만들며, 색깔이 있는 예쁜 유리컵에 담아낸다. 여러 가지 민트 품종 중 〈나나〉 스피어민트 (*Mentha spicata* 〈nanah〉)를 가장 많이 사용한다.

신선한 민트 잎과 줄기로 만드는 민트차

신선한 민트는 수분이 많아서 말린 민트에 비해 향이 덜하다. 그래서 충분히 넣는 것이 중요하다.

찻주전자에 중국 건파우더(Gunpowder) 녹차 1~2ts을 넣는다. 민트차의 주인공은 민트이고, 녹차는 〈돕는 역할〉이므로 그 이상 넣지 않는다. 차에 끓는 물을 붓고 30~40초 기다린 뒤 우러난 찻물을 버린다(이 과정은 찻주전자를 데우고 차의 떫은맛을 줄이는 것이 목적이다).

신선한 민트를 충분히 넣은 다음 끓는 물을 붓는다. 취향에 따라 설탕을 넣고 스푼으로 저어서 섞은 뒤 3분 정도 우린다.

전통적으로 민트차는 찻주전자를 높이 들어올려 찻잔과 멀리 떨어진 상태에서 따르는데, 이는 거품을 일으키기 위해서이다. 이렇게 공기가 들어가면 차가 더 가벼워지고 민트의 향이 잘 퍼진다.

말린 민트 잎으로 만드는 민트차

한 잔 분량을 만들 때는 찻주전자에 말린 민트 잎 1ts를 넣고, 끓는 물 180㎖를 부은 뒤 5~7분 정도 우려내서 마신다.

시음 노트

- **사용하는 부분_** 잎과 줄기
- **아로마_** 민트, 꽃
- **풍미_** 단맛, 가벼운 떫은맛

메밀차

이름 그대로 〈메밀로 만든 차〉인 메밀차에는 실제로 어떤 찻잎도 들어가지 않는다. 볶은 메밀로 만들어 카페인이 없는 일종의 허브차라고 할 수 있다. 구운 헤이즐넛향이 나며 때로는 커피향이 나기도 한다. 지금은 프랑스와 유럽에서도 인기를 얻고 있는데, 프랑스에서는 메밀을 대부분 일본에서 수입하지만, 브르타뉴(Bretagne) 메밀로 만든 프랑스산 메밀차도 나오기 시작했다. 일본인들이 메밀을 음료로 마시기 시작한 것은 얼마 되지 않았는데, 메밀은 다양한 효능을 가지고 있으며 특히 단백질과 항산화 물질이 풍부하다.

메밀 알곡을 수확해서 말린 다음, 볶기 전에 껍질을 벗긴다. 커피와 마찬가지로 정확한 타이밍에 로스팅을 멈춰야 아로마가 온전히 발달할 수 있다.

메밀에는 매우 다른 2가지 품종이 있다.

- 🌿 **단 메밀**_ 맛이 섬세하고 단맛이 난다. 많이 사용하는 품종이다.
- 🌿 **타타르 메밀(Tartar 메밀 / 쓴 메밀)**_ 맛이 강하며 쓴맛이 두드러진다.

끓이는 방법

메밀차 1TS과 물 200㎖를 냄비에 넣는다. 끓어오를 때까지 가열해서, 끓으면 2분 더 끓인다. 불을 끄고 다시 2분 기다린 뒤 메밀을 걸러낸다. 걸러낸 메밀 알갱이도 먹을 수 있는데, 맛이 은은하고 단맛이 난다. 그대로 먹어도 되고, 샐러드에 넣어서 먹어도 좋다.

우리는 방법

찻주전자에 메밀차 1TS을 넣고 끓는 물 180㎖를 붓는다. 5분 정도 우려낸 다음(제조과정에 문제가 있는 경우를 제외하고, 메밀차에서 쓴맛이 날 위험은 없다), 메밀 알갱이를 걸러내고 찻잔에 따른다.

아이스티

지금은 어디서나 손쉽게 마실 수 있는 아이스티는 뜨거운 차보다 마음을 더 편안하게 해준다. 여름뿐 아니라 1년 내내 마셔도 좋다. 여기서는 물을 끓이지 않고 아이스티를 만드는 방법을 소개한다(얼음은 넣어도 좋고, 넣지 않아도 좋다). 이렇게 만든 아이스티는 단맛에 가까운 부드러운 맛과 진한 감칠맛이 있으며 떫은맛은 거의 느껴지지 않는다.

차 선택

- ➤ **녹차**_ 봄에 수확한 차
- ➤ **다른 차**_ 고급 차 또는 〈그랑 크뤼〉 차. 차갑게 우려냈을 때의 특징을 분명하게 느낄 수 있다. 테아닌이 풍부한 차가 좋다.

도구

아이스티용 필터가 들어 있는 병이 시중에 많이 나와 있다. 하리오사에서 만든 750㎖ 용량의 아이스티용 유리병을 추천한다

아이스티 만드는 방법

물병에 찻잎 15~20g을 넣고 미네랄 함유량이 적은 물 1ℓ를 붓는다. 냉장고에 넣고 3시간 정도 우려낸다. 냉침 시간은 취향에 따라 자유롭게 조절할 수 있다. 2시간이 지나면 매우 연한 차가 되고, 4~5시간이 지나면 진해진다.
또한 호지차는 센차보다 더 빨리 우러나므로 주의한다(1시간 반 ~2시간). 우려낸 차는 찻잎을 걸러내고 다른 병으로 옮긴다.
차갑게 우려낸 차는 냉장고에서 다음날까지 보관할 수 있지만, 풍미를 온전히 즐기고 싶다면 바로 마시는 것이 좋다.

〈티 리큐어〉 만드는 방법

120㎖ 용량의 규스를 사용한다. 여기서 리큐어는 찻잎을 우려낸 용액을 의미하며 알코올과는 관계가 없다.

- ➤ **1차 우리기**_ 규스에 찻잎 1TS(4~5g)을 넣고 차가운 물을 붓는다(찻잎이 잠길 정도로). 얼음을 몇 개 넣어도 좋다. 3분 정도 우려낸 다음 잔에 붓는다. 매우 진한 차가 찻잔을 조금밖에 채우지 못하지만, 입안에 넣으면 폭발적인 풍미가 느껴진다.
- ➤ **2차 우리기**_ 물을 붓고(마찬가지로 찻잎이 잠길 정도로), 이번에는 1분~1분 30초 정도 우려낸다.
- ➤ **3차 우리기**_ 규스의 절반 높이까지 차가운 물을 채우고, 1분 정도 뒤에 마신다.
- ➤ **4차 우리기**_ 다시 한번 차가운 물이나 뜨거운 물을 붓고 뚜껑을 덮은 뒤, 몇 초 동안 우려서 찻잔에 붓는다.

CHAPTER

№

차의 효능

차는 건강에 좋다 : 맞을까, 틀릴까?

흔히 차가 건강에 좋다고 이야기한다.
맞는 말일까? 좀 더 자세히 알아보자.

조금 마시는 것은 좋다, 하지만 많이 마시면?

그렇다. 모든 것은 양의 문제이다. 어떤 성분은 어느 정도까지 섭취하는 것은 이로운 효과가 있지만, 과도하게 섭취하면 해로울 수 있다. 차에는 카페인이 들어 있다. 과학자들의 이야기에 따르면, 카페인의 양이 5~10g이면 건강에 해롭다고 한다. 그런데 한 잔의 차 또는 커피에는 겨우 100mg의 카페인이 들어 있다. 계산해보면 건강을 위협할 정도가 되려면 정말 많은 양의 차를 마셔야 한다는 것을 알 수 있다.

안정 효과

차의 성분 중 하나인 테아닌(Theanine)은 우리의 뇌에 작용한다. 차를 마시면 일종의 안정감이 느껴지는데, 이것은 숙면과 긍정적인 생각을 갖는 데 도움이 된다.

다양한 식품

소화는 매우 복잡한 과정이다. 한 가지 식품에서 기대하는 효과를 얻기 위해서는 다양한 요소들이 결합되어야 한다.

세로토닌(Serotonin)을 예로 들어보자. 세로토닌은 인체에 필수적인 역할을 하며 부족할 경우 사람은 우울감을 느낀다. 신경전달물질인 세로토닌은 트립토판(Tryptophan)이라는 아미노산에서 일부 뉴런에 의해 합성된다.

그런데 우리의 몸이 트립토판을 세로토닌으로 변환하려면 비타민 B, C 그리고 아연이 필수적이다. 이 모든 요소들이 차에 들어 있지만, 인체가 필요로 하는 양을 충족시키기 위해서는 다양한 식품을 통해 보충해야 한다.

포괄적인 효능

차의 효능은 신체적인 면에만 국한되지 않는다. 차는 정신적인 면에도 영향을 준다. 차를 마신 역사가 천 년이 넘는 동양에서는 차를 마시는 시간이 자연, 그리고 타인과 관계를 맺는 시간이다. 한 잔의 차가 있으면 대화와 우정을 나누는 좋은 분위기가 만들어진다.

식물성 아로마

차에서 단순히 식물의 향을 맡는 것만으로도 건강에 이로울 수 있다. 식물의 아로마에는 안정 효과 외에도 항산화 능력과 곤충의 공격이나 해로운 박테리아를 막아주는 효과가 있다. 최근 연구에 따르면 찻잎은 우리가 숲에서 맡는 것과 같은 아로마를 발산한다고 한다.

테인과 카페인 :
우리 몸에 어떤 영향을 미칠까?

테인과 카페인은 많은 양을 섭취할 경우 부정적인 작용을 하는 각성제로 알려져 있다.
그런데 그게 정말일까?

테인? 또는 카페인?

사람들은 대부분 테인(Theine)은 차에, 카페인(Caffeine)은 커피에 연결시킨다. 그러나 사실 이 두 가지는 특정 식물에서 생산하는 동일 물질인 메틸잔틴(Methylxanthine)계 알칼로이드(Alkaloid)이다. 1819년 독일의 화학자 프리들리프 페르디난트 룽게(Friedlieb Ferdinand Runge)가 커피의 화학성분인 카페인을 발견했다. 이어 1827년, 프랑스의 화학자 알퐁스 우드리(Alphonse Oudry)는 차의 화학성분 중 하나에 〈테인〉이라는 이름을 붙였다. 이후 이 두 가지는 동일한 화학성분에 해당하는 하나의 물질이지만, 섭취하는 음료에 따라 다른 이름으로 불렸다는 것이 밝혀졌다.

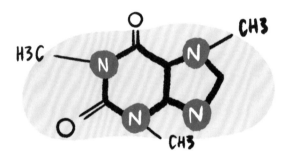

카페인

커피에 카페인이 들어 있다는 사실은 모두 잘 알고 있다. 하지만 차나 초콜릿에도 카페인이 들어 있다는 사실은 상대적으로 덜 알려져 있다. 카페인은 식물이 자기방어를 위해 만들어내는 물질로, 카페인의 쓴맛은 열매(커피 원두)나 잎(차)을 먹으려고 하는 곤충이나 동물을 막아주는 역할을 한다.

사람마다 다른 효과

합리적인 방식으로 섭취한다면, 카페인은 뇌를 자극하고 주의력을 높여준다. 그러나 카페인의 효과는 후성적으로 사람마다 다르게 나타난다. 사람들은 저마다 카페인을 빠르게 처리하는 유전자를 갖고 있거나, 그렇지 않다. 일반적으로는 수면장애를 피하기 위해 일정 시간 이후에는 더 이상 섭취하지 않는 것이 좋다. 사실 카페인은 대사속도가 느려서 혈중 카페인 농도가 절반으로 떨어지려면 5시간이 필요하다.

테아닌의 효능

차는 유일하게 테아닌(Theanine)과 카페인을 동시에 함유하고 있다. 테아닌은 아미노산의 일종이다. 카페인과 테아닌의 조합은 무척 흥미로운데, 부작용 때문에 커피를 마시지 못하는 사람두 차는 부작용 없이 마실 수 있기 때문이다. 카페인은 일종의 긴장감을 주고 자극하는 반면, 테아닌은 안정감을 주는 효과가 있다.

차의 효능

식물은 놀라운 능력을 갖고 있다.
특히 식물이 생산하는 폴리페놀은 자외선, 미생물, 곤충으로부터 식물을 보호하고 항산화 작용도 한다.
잘 알려져 있지 않지만 이러한 성분은 사람에게도 도움이 된다.

차의 유익한 성분

카테킨 _ 식물에 존재하는 카테킨(Catechin)은 플라보노이드 (Flavonoid) 계열의 화합물이다. 암, 심혈관계 질환, 그리고 충치 예방 효과가 있으며. 그뿐 아니라 바이러스와 병원균의 중화, 장내 세균상 개선에도 도움이 된다.

아미노산 _ 차나무나 동백나무에 존재하는 특별한 아미노산인 테아닌 (Theanine)은 안정 효과가 있으며 노화 방지에 도움이 된다.

카페인 _ 강한 각성 효과가 있는 카페인은 이뇨작용도 한다.

비타민 _ 차에는 다양한 비타민이 들어 있다.
- **비타민 A** _ 항산화 효과가 있으며 암 예방에 도움이 된다.
- **비타민 B** _ 구각염을 예방하고 항산화 효과가 있다.
- **비타민 C** _ 피부에 좋고 감기와 스트레스 예방에 도움이 된다.
- **비타민 E** _ 노화를 지연시키고 항산화 효과가 있다.

이 성분들은 어떻게 발달할까?

보통 새싹과 어린잎은 맛이 더 풍부하다. 그러나 건강에 이로운 성분은 어린잎보다 단단해진 큰 잎에 더 많이 들어 있다(셀룰로스, 플라보놀, 비타민A, 비타민P, 칼슘, 불소).

차에 대해서는 다음의 세 가지를 기억하자.

- 봄에 수확한 차가 여름에 수확한 차보다 맛이 좋다.
- 차광재배로 생산한 차(맛차, 교쿠로)가 다른 차보다 몸에 좋은 성분이 많다.
- 수확기 초반에 딴 차가 나중에 딴 차보다 품질이 좋다.

항스트레스 파워

차에 함유된 테아닌은 스트레스의 부정적인 영향을 효과적으로 중화시킨다. 여러 연구에서 테아닌이 신경계에, 더 정확하게는 도파민과 같은 신경전달물질에 영향을 준다는 사실이 증명되었다.

감칠맛을 내는 것 외에도 테아닌은 카페인의 각성 효과를 감소시키며 스트레스가 쌓이는 것을 막아준다.

항스트레스 파워가 제대로 발휘되려면 차에는 테아닌 뿐 아니라 아르기닌(Arginine, 또 다른 아미노산)도 풍부해야 한다. 예를 들어 전통방식으로 만든 맛차는 항스트레스 효과가 있는 반면, 일반적인 맛차는 아미노산이 부족해서 그렇지 못하다. 따라서 차의 장점을 제대로 활용하기 위해서는 차를 잘 골라야 하며, 필요하다면 저금통도 깨뜨릴 준비가 되어 있어야 한다.

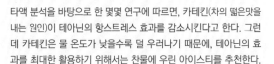

탁월한 항바이러스 효과

구체적인 예로 과학자 시마무라 다다카쓰가 쇼와대학에서 진행한 실험 결과를 살펴보자. 시마무라 박사는 차로 가글을 하는 것이 감기 바이러스에 효과가 있는지 실험하였다.

2개의 그룹을 만들어 한 그룹만 하루에 2번 100㎖의 홍차로 가글을 하게 했다. 결과적으로 보면 감기에 걸린 사람의 비율에 분명한 차이가 나타났다. 홍차로 가글을 한 그룹에서는 35.1%, 하지 않은 그룹에서는 48.8%가 감기에 걸린 것이다. 가글을 한 그룹의 2/3는 감기 예방 효과를 본 셈이다.

아이스티 : 휴식에 어울리는 음료

타액 분석을 바탕으로 한 몇몇 연구에 따르면, 카테킨(차의 떫은맛을 내는 원인)이 테아닌의 항스트레스 효과를 감소시킨다고 한다. 그런데 카테킨은 물 온도가 낮을수록 덜 우러나기 때문에, 테아닌의 효과를 최대한 활용하기 위해서는 찬물에 우린 아이스티를 추천한다.

녹차 : 다양한 효능

녹차는 병원성 세균을 중화시키는 카테킨이 풍부할 뿐 아니라, 면역방어에 필수적인 비타민C의 훌륭한 공급원이다.
비타민C는 반드시 필요한 영양소로, 대부분의 영양학자들은 하루에 100㎎ 섭취를 권장한다.

카테킨의 역할

쓰지무라 미치요(1888~1969)는 1929년, 교토산 녹차에 함유된 카테킨을 분리하는 데 성공했다. 그 뒤로 많은 과학자들이 카테킨의 병원성 세균 중화 효과를 입증하였다.

식중독

O157:H7 대장균은 식중독의 원인 중 하나로 알려져 있다. 그런데 대장균 10,000마리에 녹차 1㎖를 부었을 때, 3~5시간 동안 대장균의 활동이 억제되는 것으로 나타났다(심지어, 이때 녹차의 농도는 일상적으로 마시는 농도의 1/10 수준이었다). 카테킨은 손상되지 않고 온전한 상태로 사람의 대장에 도달하는데, 소화 과정에서 강한 산에 노출되어도 잘 견디기 때문이다.

홍차와 우롱차도 마찬가지로 식중독 예방에 효과적이다. 단, 우유를 첨가하는 것은 피해야 하는데, 홍차에 함유된 카테킨의 산화중합체인 테아플라빈(Theaflavin)이 우유 속 단백질과 결합하면 식중독 예방 능력을 잃기 때문이다.

장내 세균

또한 카테킨은 장내 세균에 이로운 작용을 한다. 노인요양시설에서 진행된 한 실험에서, 매일 카테킨 300㎎(센차 5~6잔에 해당하는 양)을 복용한 15명의 분변을 분석하였다. 5번(복용 전, 복용 7일차, 복용 15일차, 복용 21일차, 복용 중지 후)에 걸쳐 진행된 분석에서 유산균 증가와 유해균 감소가 기록되었고, 카테킨 복용을 중단하자 실험 전 상태로 돌아가는 것이 확인되었다. 그러므로 카테킨은 유산균을 증식시키고 인체에 해로운 바이러스를 없애는 데 도움이 된다고 할 수 있다.

비타민C가 풍부한 녹차

비타민C는 열에 매우 약하지만, 녹차에 함유된 비타민C는 카테킨의 보호를 받기 때문에 끓는 물을 부어도 그대로 보존된다.

또한 녹차에는 비타민C가 매우 풍부하게 들어 있다. 레몬 10g에는 비타민C가 10㎎ 들어 있는 반면, 센차에는 26㎎이 들어 있다. 차 5잔이 면 비타민C 일일 권장량의 30~40%를 섭취할 수 있는 것이다.

이처럼 비타민C가 풍부하다는 장점은 아쉽게도 녹차에만 해당된다. 비타민C는 산화에 약해서 우롱차에는 거의 없고, 홍차에는 아예 존재하지 않는다.

차와 지속가능한 발전

오늘날 우리는 차의 품질을 이야기하는 것에 만족해서는 안 된다.
미래 세대가 계속해서 훌륭한 차를 마시려면 겉보기에는 크게 관계가 없어 보이는 현상들이
어떤 면에서 밀접하게 연결되어 있는지 이해하는 것이 중요하다.

빠르게 증가하는 소비량

차는 전 세계에서 물 다음으로 많이 마시는 음료이다. 12년 전에는 프랑스인의 1/2이 차를 마셨던 것에 비해, 현재는 2/3가 차를 마시는 것으로 나타났다. 여기에는 차의 효능이 크게 기여한 것이 분명하다. 이것은 물론 좋은 소식이지만 세계 곳곳에서 폭발적인 소비 증가가 나타나면서, 환경과 차 생산 과정의 각 분야별 노동 환경에 영향을 미치고 있다.

힘든 직업

생산자들이 어쩔 수 없이 차 생산을 포기하는 일도 벌어진다. 여기에는 다양한 이유가 있는데, 지나치게 낮은 가격, 환경 파괴, 기후변화로 인한 생산 중단, 또는 현격한 수확량 감소, 부실한 사회보장제도 등이 그 이유이다.

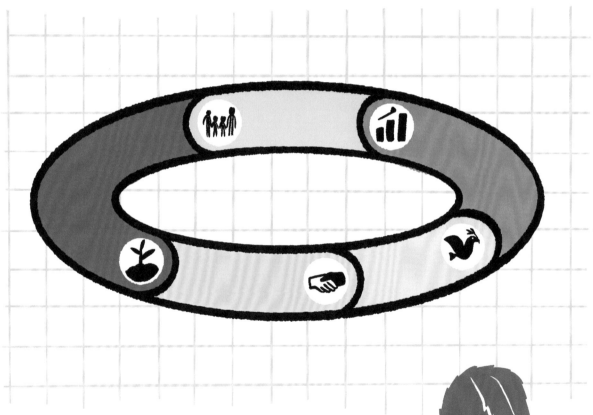

생각해볼 문제

계속해서 차를 생산하고 그랑 크뤼급 차를 맛보는 기쁨을 누리기 위해, 우리는 사물의 상호의존성을 생각해야 한다. 차를 마시는 것은 개인적인 행위가 아니며, 인간과 자연을 밀접하게 연결하는 〈모든 것〉과 관련된 일이다. 그래서 품질 좋은 차를 사려고 노력하고, 포장지는 재활용해야 한다. 전 지구적인 차원에서 이루어지는 이러한 작은 행동들이 결국에는 생산자부터 소매상점에 이르는 모든 차 산업에 영향을 미칠 수 있다.

CHAPTER

№

차 구입

어디에서 살까?

요즘은 차를 쉽게 살 수 있다. 마트, 유기농 전문점, 차 전문점, 인터넷 등.
그렇다면 내가 구입한 차의 품질은 어떻게 확신할 수 있을까?

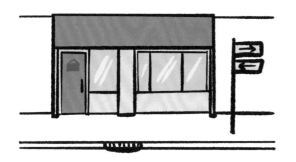

전문점 : 확실한 품질

분명 대형마트에도 예전보다 다양한 차가 들어와 있고, 유기농 전문점도 마찬가지다. 그러나 보다 자세하고 정확한 정보를 제공해주고, 보관 상태가 좋은 차를 구입할 수 있는 곳은 역시 차 전문점이다.

올바른 보관 조건

공기 접촉을 피한다

산지에서 차는 산소를 완전히 차단하기 위해 질소를 충전한 상태로 밀봉하거나, 진공 상태로 포장한다(이 경우 공기를 완전히 제거할 수는 없다). 이 두 가지 방법이 가장 좋은데, 밀봉 포장된 차를 고르는 것이 더 좋다. 대부분의 상점에서는 차를 큰 밀폐용기에 보관하다가 구입하면 봉투에 담아주는데, 이때 공기가 많이 들어가지 않도록 봉투를 가득 채우는 것이 좋다. 또한 개봉 뒤에도 공기 접촉을 피할 수 있도록 지퍼백처럼 다시 밀봉할 수 있는 포장 형태가 좋다.

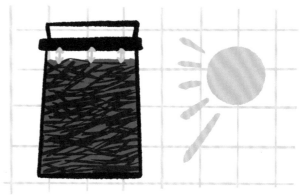

햇빛을 피한다

햇빛이 닿지 않도록 불투명한 포장을 선택한다. 햇빛은 식품을 손상시키고 자연색이 바래게 만든다.

습기를 피한다

차는 공기 중의 습기를 쉽게 흡수하는데 습기는 산화를 일으키고 품질을 저하시킨다.

강한 냄새를 피한다

차는 냄새를 쉽게 흡수하기 때문에 냄새가 강한 식품과의 접촉은 피하는 것이 좋다.

작은 용량을 선택한다

보통 차는 50g 또는 100g짜리 포장으로 구입한다. 만약 같은 종류의 차를 대량으로 구입해야 한다면 변질의 위험이 있는 500g짜리 대용량 1팩 보다는, 100g짜리 5팩을 구입하는 것이 좋다.

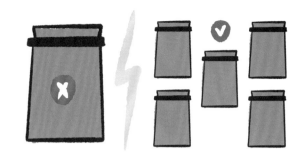

라벨 읽기

마음에 드는 차를 구입하기 위해서는 겉포장에 적힌 정보를 이해할 수 있어야 한다.

산지

차의 이름만 보아서는 어떤 차인지 잘 알기 힘든 경우가 많다. 차를 고르기 위해서는 차의 종류(홍차, 우롱차, 녹차 등)와 산지 정도는 알아둘 필요가 있다. 만약 이런 내용이 포장에 적혀 있지 않다면, 망설이지 말고 판매원에게 질문한다.

소비 기한 확인

DLUO(Date Limite D'utilisation Optimale, 최적사용기한) 표시는 하나의 지표일 뿐이다. 차는 구입 후 한 달 이내로 소비하는 것이 좋다. 사실 최적사용기한이 지나기 전에도 차의 향과 맛이 떨어질 수 있으니, 차를 구입했다면 빨리 마시는 것이 최선이다.

로트 번호

일반적으로 다르질링의 다원에서 생산된 차에는 로트(대략 100kg 분량) 번호가 부여된다. 이 번호를 통해 차의 생산과정을 알 수 있다. 같은 다원에서 생산되었고, 일련번호가 거의 비슷한 차라도 실제로는 매우 다를 수 있다. 예를 들어, 〈DJ 1〉이 3월 초에 생산된 로트에 해당한다면, 〈DJ 3〉은 그로부터 1주일 뒤 다원의 다른 구획에서 생산된 로트에 해당된다. 그러나 포장에 이러한 정보를 모두 표시하는 경우는 매우 드물다(여러 생산자와 협력업체 등에 의해 생산된 대형 로트라면 더욱 그렇다).

이력 추적

만일 다음의 정보가 정확히 표시되어 있다면, 그 차에 실망할 가능성은 낮다. 생산자 또는 다원의 이름, 품종, 산지(지역/국가), 수확시기, 유기농 여부.

인도 홍차 포장의 예(프랑스 판매의 경우)

Nom du jardin : Risheehat	다원 : 리시핫
Cultivar ou variété : ≪enigma≫	품종 : 이니그마
Région, pays : Darjeeling, Inde ➡	지역, 국가 : 다르질링, 인도
Récolte : printemps 2021	수확시기 : 2021년 봄
Culture : bio	재배방식 : 유기농

센차 포장의 예

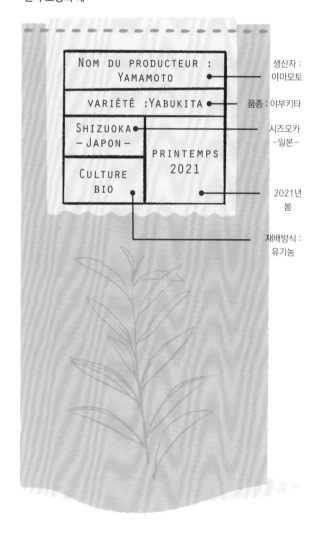

티백 또는 잎차?

차는 티백으로 판매되는 경우가 많지만, 전문점에 가면 잎차도 구입할 수 있다.
어떤 것을 고르고 어떻게 마시는 것이 좋은지 알아보자.

티백

티백은 보통 카페, 티 살롱, 레스토랑 등에서 사용하는 경우가 많다.
그런데 차 소비의 역사에서 티백으로 차를 마시기 시작한 것은 비교
적 최근의 일이다. 티백은 정말 사소한 사건 때문에 만들어졌다.
20세기 초, 뉴욕의 도매상은 고객들에게 샘플을 보내면서 찻잎이 섞
이는 것을 피하기 위해 각각 작은 모슬린 주머니에 담았다. 고객들은
주머니에서 찻잎을 꺼내 차를 우려서 마셨는데, 어느 날 한 고객이 주
머니 위로 바로 뜨거운 물을 부었다. 그리고 그렇게 우린 차도 마시는
데 아무런 문제가 없다는 것이 알려지면서, 티백이 탄생하게 되었다.

장점

1인분씩 나뉘어 있어 매우 실용적이고 간편하다. 티백에 들어 있는
찻잎의 양은 차 한 잔 분량이다.

단점

🌿 **차의 품질**
티백에는 평범하거나 심지어 형편없는 차가 들어 있는 경우도
있는데, 잎이 온전한 차는 모슬린 티백의 공간에 맞지 않아서 차
의 원래 품질에 관계 없이 찻잎을 자를 수 밖에 없기 때문이다.

🌿 **접촉면 부족**
티백 포장은 맛과 향이 풍부한 차를 우리는 데 필수적인, 차와
물의 접촉을 방해한다.

🌿 **품질 대비 가격**
티백의 품질 대비 가격은 좋은 편이 아니다. 왜냐하면 포장비
용이 추가되기 때문이다.

잎차

최근에는 차 전문점이 많이 생겨서 잎차를 쉽게 살 수 있다.

장점

🍃 **무제한에 가까운 선택의 폭**
온전한 잎(Whole Leaf), 작은 잎(Small Leaf), 파쇄된 잎(Broken Leaf) 등 모든 취향을 만족시킬 수 있다.

🍃 **물과 찻잎의 이상적인 접촉**
잎차를 사용하면 최상의 조건에서 차를 우릴 수 있다. 결과적으로 매우 향이 풍부한 차를 마시게 된다.

단점

🍃 **세척**
찻잎을 깔끔하게 제거하려면 찻주전자를 여러 번 씻어내야 한다.

🍃 **공기 접촉**
찻잎을 큰 용기에 넣어두거나 열악한 환경에서 보관하면 향과 맛을 잃을 수 있다.

가격

차의 가격 차이에 대해 의문을 가질 수 있다. 차 업계에서는 보통 품질에 따라 가격이 정해지는데, 투기성을 띠는 경우는 드물다. 그렇지만 해마다 작황에 따라 가격이 달라질 수 있는데, 이는 수요와 공급의 상호작용에 의한 것이다. 전문가들의 관점에서도 가격은 일정 수준의 품질을 나타내며, 잘 알려진 명확한 가치 척도에 따라 정해진 것이다. 동일한 로트에 대해 각기 다른 전문가가 같은 가격 평가를 하는 경우가 많은 것도 그러한 이유이다.

합리적인 가격으로 차를 구입하기 위한 몇 가지 조언

🍃 품질에는 대가를 치러야 한다. 익셉셔널(Exceptional), 레어(Rare)와 같은 수식어가 붙어 있는 차는 가격이 저렴할 수 없다.

🍃 검증된 전문가가 차를 선별하는 전문점에서 구입한다.

🍃 라벨에 대회 수상 이력이 강조되어 있다면 자세히 살펴본다. 생산자가 상을 받은 것은 맞지만, 다른 차로 받은 것일 수도 있다.

나만의 티 바 만들기

나만의 티 바(Tea Bar)를 만들어 다양한 종류의 차에 대해 알아보고 그 풍미를 즐겨보자.
차는 상온에 보관할 수 있어서 와인처럼 셀러를 만들기 위해 큰돈을 투자할 필요도 없다.
차를 좋아하는 사람들이 집 안에서 차와 다기를 전시하고 차를 즐기는 공간을 다실(茶室)이라고 부르기도 한다.
일본에서는 다회를 위해 준비된 별도의 공간을 다실이라고 부른다.

더 흥미로운 시음

여러 가지 차를 마셔보면, 비교가 가능해서 차에 대해 더 깊이 이해할 수 있다. 날마다 같은 차만 마신다면 그 차가 가진 다양한 특성을 제대로 느끼기 어렵다. 그러니 아침저녁으로 여러 종류의 차를 마셔보자. 다양한 시음 경험은 차의 특성을 이해하는 데 큰 도움이 된다.

때에 맞게 즐기는 차

차에는 여러 종류가 있다. 카페인이 매우 강한 것도 있지만 덜한 것, 또는 거의 없는 것도 있다. 나만의 티 바를 만들면 각각의 순간에 어울리는 차를 고를 수 있다. 보통 하루를 시작할 때는 카페인이 있는 차를 마시고, 늦은 오후에는 카페인이 강한 차를 피하며, 밤에는 카페인이 적거나 없는 차를 선택하는 것이 좋다.

손님 초대

손님을 초대해 음식을 대접할 때, 술을 마시지 않는 손님을 위해 술을 대신해 차를 내도 좋다. 티 바를 만들면 시음회(차 가부키, p.112~113 참조)를 열 수도 있다. 이러한 독특한 이벤트는 손님들을 즐겁게 해줄 것이다.

티 바에 필요한 차 리스트

여러 종류의 차를 골고루 갖춘 티 바를 만들기 위해 필요한 차는 다음과 같다.

- 일본 센차
- 중국 녹차
- 다르질링 홍차(봄 수확)
- 아삼 홍차
- 타이완 우롱차(카페인이 적은 것)
- 캐모마일 허브차(디카페인)

홍차 애호가를 위한 리스트

- 치먼 홍차
- 다르질링 홍차(봄 수확)
- 다르질링 홍차(여름 수확)
- 네팔 홍차(여름 수확)
- 조지아 홍차
- 스리랑카 홍차

녹차 애호가를 위한 리스트

- 우지 맛차
- 교쿠로
- 센차(봄 수확 / 야부키타 품종)
- 센차(봄 수확 / 고슌 또는 가나야미도리 등)
- 중국 녹차(룽징 등)
- 재스민차
- 겐마이차(봄 수확)
- 호지차(디카페인에 가깝다)

테루아나 품종에 대해 더 알고 싶은 차 애호가를 위해

테마 시음_〈봄 수확 다르질링 다원별 비교〉

- 다르질링(봄 수확)
- 다른 다원에서 생산된 다르질링(봄 수확)
- 네팔 홍차(봄 수확)

일본 센차 시음_〈품종에 따른 차이〉

- 센차(봄 수확), 야부키타
- 센차(봄 수확), 가나야미도리
- 센차(봄 수확), 고슌

테마 시음_〈우롱차와 산화〉

- 둥딩우롱[凍頂烏龍], 타이완
- 안시톄관인[安溪鐵観音], 중국
- 동방미인(Oriental Beauty), 타이완
- 다홍파오[大紅袍], 중국

찻잎의 올바른 보관 방법

차는 최적소비기한(DLUO)이 지나도 쉽게 상하지 않는다.
그러나 이 기간이 지나면 차의 관능적, 영양적 품질을 보장할 수 없다.

최적의 보관 방법

이미 살펴본 것처럼, 차는 산소, 햇빛, 습기, 강한 냄새, 급격한 온도변화를 좋아하지 않는다. 차를 보관할 때는 특별한 저장고가 필요하지 않고 집에 보관하면 되는데, 온도가 일정하고(냉난방 기계에서 먼 곳), 냄새를 피할 수 있으며(예를 들면 음식이나 향초 가까이에 두지 않는다), 햇빛이 들지 않는 곳에 보관한다.

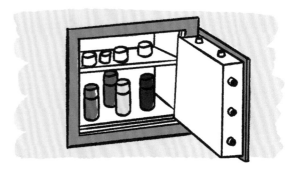

냉장고와 냉동고

일반적인 생각과는 다르게, 그리고 위에서 언급한 내용과 같은 이유로 차는 냉동고나 냉장고에 보관하면 안 된다. 차의 품질이 손상될 수 있기 때문이다. 냉동고에 넣으면 차의 분자구조가 파괴될 수 있고, 남아 있는 수분이 날아간다. 또한 감칠맛이 발달할 수 있는 차의 자연적인 숙성을 방해한다. 냉장고의 경우에도 온도 차에 의해 습기가 차기 때문에 차에 안 좋은 영향을 준다.

단 하나의 예외는 맛차이다. 개봉 전이라면 냉장고에 보관할 것을 추천한다. 사실 맛차는 가루 형태이기 때문에 잎차보다 산화에 더 약하다. 그러므로 서늘한 곳에서 일정한 온도를 유지하는 것이 향과 맛을 보존하는 데 도움이 된다.

포장봉투에 그대로 보관할까, 차통에 보관할까?

개봉 전

불투명한 포장봉투에 밀봉된 상태라면 그대로 두어도 좋다.

개봉 후

차를 포장봉투에 그대로 보관하거나 차통에 옮길 수 있다. 차통을 고를 때는 차의 양에 맞는 크기를 선택한다. 차통 안에 공기가 너무 많으면 차의 품질이 떨어지기 때문이다.

차의 빈티지

차도 와인처럼 〈빈티지〉 개념과 관계가 있다. 사실, 기후조건은 해마다 다르고 수확도 항상 같은 날에 하는 것이 아니며, 채엽자의 실력에도 차이가 있다. 경험 많은 생산자만이 어떤 조건에서도 차의 품질을 보증할 수 있다.

잘 보관하면 차의 품질이 향상된다?

〈신차는 빨리 소비해야 한다〉, 〈첫물차가 나왔다〉라는 이야기를 종종 듣게 된다. 그러니까 차의 경우에는 〈신선도〉를 중요시한다. 그런데 와인 양조 분야에서는 빈티지가 와인의 품질 향상과 관련이 있다. 앞으로는 그랑 크뤼 와인처럼 좋은 조건에서 일정 기간 잘 보관한 차의 〈품질 향상〉에 대해 연구해보면 어떨까?

같은 차를 다르게 즐기는 방법

원칙적으로는 차를 구입하면 몇 달 안에 모두 소비하는 것이 좋다. 그러나 〈그랑 크뤼〉급 차라면 다음과 같은 실험을 통해 시간이 지남에 따라 차가 진화하는 과정을 지켜보는 것도 흥미롭다.
봄 수확 차를 같은 것으로 3팩(밀봉된 것이 좋다) 구입한다. 먼저 첫 번째 팩을 열어서 마시고, 3개월 뒤에 두 번째 팩을, 그리고 6개월 뒤에 마지막 팩을 연다.

아마도 다음과 같은 경향을 확인할 수 있을 것이다.
- **처음 개봉한 차_** 신선함, 봄내음, 강한 아로마
- **3개월, 6개월 뒤에 개봉한 차_** 향이 강하지는 않지만 더 섬세한 향, 약해진 떫은맛, 더 진한 감칠맛이 입안에 오래 남는다.

이 실험은 고급 차가 그랑 크뤼 와인 못지 않은 또 다른 차원의 풍미를 줄 수 있다는 것을 보여준다.

푸얼성차의 빈티지

푸얼성차[普洱生茶, 보이생차]는 시간이 지날수록 품질이 좋아지는데, 이것은 보관상태, 즉 판매하기 전 숙성고 안에서 보낸 시간에 따라 다르다.
숙성고 내에서는 온도, 습도, 환기 등의 숙성 조건이 통제된다. 차가 완성되면 판매를 위해 상점에서 차를 보관하는데, 이때도 품질 개선은 가능하지만 매우 미미한 정도이다. 실질적으로 푸얼성차의 특성과 품질을 결정하는 것은 숙성고에서 보낸 시간이다. 그러므로 푸얼차를 고를 때는 차가 생산된 연도(빈티지)보다는 숙성고에서 보관한 기간을 주의 깊게 살펴봐야 한다.

CHAPTER

Nº

9

차와 음식의 페어링

어떻게 조합할까?

오랫동안 차는 그 자체를 즐겼다.
차와 음식의 페어링, 〈티 소믈리에〉, 차를 베이스로 만든 레시피 등은 최근에 시작된 일이다.

좋은 페어링

페어링이란 성공적인 조합을 의미하며, 차와 음식을 각각 맛보았을 때보다 함께 조합했을 때 더 좋은 평가를 받는 것을 말한다.
알코올을 함유하고 특정 아로마들의 조화가 균형 잡힌 구조를 이루는 와인과 달리, 차는 99%가 수분으로 이루어져 있고 섬세하고 약한 향을 가지고 있어 음식과 조합하기가 쉽지 않다.
섬세한 차와 맛과 향이 매우 강한 음식은 좋은 조합이 아니다. 음식의 강한 맛과 향이 차의 존재를 흐리게 만들기 때문이다. 따라서 음식이 강하면 차도 강해야 하며, 음식이 섬세하면 차도 섬세해야 한다.

퓨전(Fusion, 융합)

같은 아로마를 가진 차와 음식을 선택해 아로마의 강도를 증폭시키고, 경우에 따라 이 조합을 통해 새로운 아로마를 창조하기도 한다. 장미, 라즈베리, 리치라는 3가지 주요 재료가, 장미향이 지닌 다양한 면모를 이끌어내는 피에르 에르메의 〈이스파한〉을 보면, 그가 이러한 퓨전에 의한 페어링을 연구했음을 알 수 있다. 이 섬세한 페어링은 재료의 향을 더욱 강화시켜 복합적인 풍미를 이끌어낸다.

콘트라스트(Contrast, 대조)

콘트라스트는 매우 다르지만 서로를 보완하는 향과 맛을 지닌 차와 음식의 페어링이다.
밀크티는 우유의 부드러움이 차의 떫은맛을 완화시킨다는 측면에서 콘트라스트라고 볼 수 있다.

차와 음식의 페어링

몇 가지 예를 통해 차와 음식의 페어링에 대해 알아보자. 여기서는 미쉐린 2스타 레스토랑 〈라비스(L'Abysse)〉의 헤드 소믈리에이자 디렉터인 장-밥티스트 보스크(Jean-Baptiste Bosc)와 3스타 레스토랑 〈알레노 파리(Alléno Paris)〉의 헤드 소믈리에이자 와인 관리 디렉터인 뱅상 자보(Vincent Javaux)의 도움을 받았다.

전통 맛차

소믈리에 한마디

맛차에는 진한 감칠맛과 식물, 바다, 꽃, 과일 등의 섬세한 아로마가 있다. 맛차는 일반적으로 다도와 관련이 있고 과자를 함께 곁들인다. 음식과의 페어링은 새로운 아로마 조합을 만들어낼 수 있고, 맛차의 카페인 작용을 완화시킨다.

짭짤한 음식

- 마리네이드하거나 발효시킨 채소
- 완두콩, 아스파라거스를 곁들인 구운 달고기, 또는 시트러스 소스를 곁들인 구운 가자미처럼 개성이 강한 생선요리
- **압착 치즈_** 아봉당스(Abondance, 프랑스 오트사부아), 아펜젤러(Appenzeller, 스위스), 톰 오 플뢰르(Tomme aux fleurs, 오스트리아)

디저트

- 쌀가루, 팥 또는 과일로 만든 화과자류를 포함한 일본 과자
- 부드럽게 녹는 다크 초콜릿 디저트는 부드러운 거품이 있는 맛차와 완벽하게 어울린다. 반대로 밀크나 화이트 초콜릿은 맛차의 맛을 살짝 가린다.
- 마롱글라세를 넣은 디저트

안시톄관인(반산화 우롱차)

소믈리에 한마디

매우 향기로운 안시톄관인[安溪鐵觀音, 안계철관음]은 진한 꽃향기와 과일의 노트가 알자스 화이트와인 게뷔르츠트라미너(Gewurztraminer)를 연상시킨다. 차의 3대 분류 가운데 우롱차가 가장 덜 알려져 있지만, 향이 강하고 카페인이 적어 차와 음식의 조합에서 중요한 역할을 한다.

육류와 생선

- 구운 고기, 지비에(사냥해서 잡은 동물의 고기)
- 대문짝넙치(찰광어)와 비슷한 종류의 생선

채소

- 참깨에 버무린 무
- 호두와 건포도를 곁들인 엔다이브

디저트

- 루바브 타르트
- 오렌지-민트 소르베

바이하오우롱(강산화 우롱차)

소믈리에 한마디

바이하오우롱[白毫烏龍, 백호오룡]은 말린 배의 뉘앙스와 달콤한 향이 있다. 와인 중에서는 소테른(Sauternes)과 비교할 수 있으며, 일반적으로 이런 스위트와인과 조합하는 음식이라면 바이하오우롱과도 잘 어울린다.

육류와 생선

- ❧ 새콤달콤한 소스를 발라서 구운 고기
- ❧ 푸아그라 미−퀴(mi-cuit, 반쯤 익힌 것)
- ❧ 쿠르 부이용(court-bouillon, 프랑스식 맛국물)에 익힌 바닷가재, 갑각류

채소

- ❧ 꿀과 오리엔탈 향신료를 넣은 당근요리
- ❧ 가지 캐비어

디저트

바이하오우롱의 부드럽고 달콤한 풍미는 살구나 사과를 사용해서 만든 대부분의 디저트와 잘 어울린다.

아삼 TFOP 홍차

소믈리에 한마디

이 홍차에서는 살구, 숲, 가죽 또는 나뭇진의 향이 연상된다. 와인 중에서는 마데이라(Madère)나 오래된 포트(Port)와인에 비할 수 있다.

짭짤한 음식

- ❧ 오븐에 구운 가금류(비둘기, 메추리)
- ❧ 훈제 생선
- ❧ 달걀 반숙

채소

- ❧ 가을 채소(부드러운 향신료를 넣은 단호박 요리)

디저트

- ❧ 쌉싸름하고 신맛이 있는 초콜릿
- ❧ 사블레, 플랑(타르트), 우유와 달걀로 만든 디저트

다르질링 홍차(봄 수확)

짭짤한 음식

- 안초비, 정어리
- 구운 고기
- 부드럽고 과일 풍미가 있는 치즈 : 살짝 숙성시킨 셰브르 치즈

채소

- 채소 티앙(Tian, 얇게 썬 가지, 호박 등을 켜켜이 올려 구운 채소 요리)

디저트

- 단맛이 적은 디저트
- 레몬-바질 타르트

룽징(중국 녹차)

짭짤한 음식

- 모차렐라 치즈
- 신선한 셰브르 치즈

채소

- 토마토

디저트

- 딸기 샤를로트 (Charlotte)

호지차와 센차

호지차[焙じ茶]와 센차[煎茶, 전차]는 균형이 잘 맞고 섬세해서 대부분의 음식 및 디저트와 잘 어울린다.
성공적인 페어링의 보증수표라 할 수 있다.

호지차

짭짤한 음식
- 로스트 치킨
- 소스를 곁들인 가금류나 토끼 고기
- 훈제 생선
- 철판에 구운 노랑촉수 필레

채소
- 볶은 양송이버섯

디저트
- 타르트 타탱
- 캐러멜라이즈 파인애플

센차(봄 수확)

짭짤한 음식
- 허브를 넣은 참치 타르타르
- 스크램블드에그

채소
- 채소 튀김
- 찐 아스파라거스
- 팬에 구운 밤
- 봄채소 샐러드

디저트
- 단맛이 적은 디저트
- 화과자 또는 찹쌀떡처럼 곡물로 만든 디저트

차와 단맛의 결합

차는 보통 단독으로 마시거나 아침식사에 곁들인다.
그러나 디저트를 곁들인 간식시간이야말로 차를 즐기기에 가장 좋은 때이다.

차와 다크 초콜릿

맛차와 초콜릿

음료로 마실 때처럼 디저트를 만들 때도 맛차는 화이트 초콜릿이나 밀크 초콜릿과 함께 조합하는 경우가 많다. 이 조합은 흥미롭지만 맛차의 맛을 가릴 수 있다. 고급 맛차와 가장 잘 어울리는 조합은 다크 초콜릿이다. 맛차가 가진 과일과 꽃의 노트가 더 돋보이기 때문이다. 동시에, 다크 초콜릿은 맛차의 감칠맛과 부드러운 맛을 살려준다.

페어링 제안

차와 초콜릿의 페어링이 성공하려면 알맞은 제품을 선택해야 한다. 품질 좋은 초콜릿은 품질 좋은 차와 매우 잘 어울린다. 여기서는 프랑스의 초콜릿 브랜드 플락(Plaq, www.plaqchocolat.com)의 제품을 사용한 페어링을 소개한다.

플락의 메밀 프랄리네 초콜릿 타르트와 페루 피우라(Piura)산 카카오 함유량 74% 다크 초콜릿 〈그란 나티보(Gran Nativo)〉는 아래의 차들과 완벽하게 어울린다.

호지차 : 볶은 녹차인 호지차는 부드럽고 섬세한 풍미를 갖고 있다. 메밀, 참깨, 호두 등 로스팅한 재료들과 조합하면 매우 잘 어울린다.

다르질링(또는 네팔) 홍차(여름 수확) : 다르질링이 지닌 꽃, 과일의 노트는 초콜릿의 향을 살려준다. 함께 먹으면 다르질링의 섬세한 떫은 맛이 약해지고 아로마와 맛의 조화를 이룬다.

전통 맛차 : 초콜릿과 전통 맛차의 조합을 떠올리기는 쉽지 않지만, 〈거품〉의 질감과 풍미의 대조를 통해 탁월한 조화를 이루어낸다.

〈빈투바〉 초콜릿

〈빈투바(Bean-to-bar)〉는 글자 그대로 〈카카오빈부터 초콜릿바까지〉라는 뜻이다. 샌프란시스코에서 시작된 이 개념은 초콜릿을 만드는 장인이 카카오빈의 구입부터 시작해서 초콜릿 태블릿 제조의 모든 과정을 책임진다는 것을 의미한다. 생산자로부터 직접 카카오빈을 공급받아 자신의 공방에서 가공한다. 빈투바 초콜릿은 초콜릿과 설탕을 사용해서 만든 〈순수하고 내추럴한〉 수제 초콜릿으로, 초콜릿 본연의 맛을 간직하고 있다. 단일 산지차는 수제 〈빈투바〉 초콜릿과 특히 잘 어울린다.

차와 디저트

차는 달콤한 디저트와 완벽하게 어울린다. 디저트를 만드는 파티시에들은 이 사실을 가장 잘 설명할 수 있다. 2003년 〈파티세리 세계 챔피언〉 안젤로 무사(Angelo Musa)가 차와 디저트의 성공적인 페어링 몇 가지를 제안한다.

차와 바닐라

안젤로 무사가 개발한 100% 바닐라 무스케이크는 차와 완벽하게 어울린다. 이 제품에 존재하는 아로마는 단 하나, 마다가스카르 바닐라뿐이다.

파티시에 한마디

바닐라가 가진 모든 섬세함이 텍스처의 변화를 통해 무스케이크를 구성하는 비스퀴(Biscuit), 크루스티앙(Croustillant), 크레뫼(Crémeux), 무스(Mousseux)라는 4겹의 층에서 표현된다.

〈고슌[香駿]〉 품종으로 만든 봄 수확 센차는 바닐라와 완벽하게 어울린다. 20세기 초반에 개발된 고슌은 바닐라, 크림, 캐러멜 등 디저트 계열의 아로마를 갖고 있어서 바닐라 무스케이크의 향과 맛을 증폭시킨다.
또 다른 흥미로운 조합은 의외로 전통 맛차이다. 맛차와 바닐라는 둘 다 강한 맛과 향이 있어서 이들의 조합은 강렬함의 균형을 바탕으로 한다.

차와 프랄리네

파티시에 한마디

차와 프랄리네(Praliné)의 완벽한 조합을 제대로 맛보고 싶다면, 잘 만든 파리 브레스트(Paris-Brest)와 함께 즐기는 것이 좋다.

봄 수확 다르질링(또는 네팔) 홍차는 아몬드의 노트를 지니고 있어 프랄리네와 매우 잘 어울린다. 다르질링의 섬세한 떫은맛은 프랄리네의 달콤하고 강한 맛과 조화를 이룬다.
설탕을 넣지 않은 새콤한 히비스커스차 칼카데(karkadé)는 프랄리네에 들어 있는 볶은 아몬드와 헤이즐넛의 풍부하고 진한 풍미를 제대로 즐기게 해준다.

차와 과일

- 베리류(라즈베리, 딸기)는 히비스커스차(칼카데), 다마스크장미차, 또는 바이하오우롱과 잘 어울린다.
- 살구는 봄 수확 다르질링(또는 네팔) 홍차와 센차, 그중에서도 특히 〈고슈〉 품종과 잘 어울린다.
- 복숭아는 다홍파오 우롱차, 〈TGFOP〉 같은 홀 리프 아삼 홍차, 또는 여름 수확 다르질링(또는 네팔) 홍차와 함께 즐긴다.
- 블랙베리는 바이하오우롱이나 봄 수확 호지차와 잘 어울린다. 나무향이 있는 부드러운 차는 야생 블랙베리의 달콤한 풍미와 완벽하게 어울린다.

파티시에 한마디

야생 블랙베리 잼은 풍부한 천연 당분 덕분에 향이 매우 진해서 차와 흥미로운 조화를 이룬다. 잼을 고를 때는 질 좋은 제철 과일로 만든 잼을 선택해, 과일 본연의 맛을 즐기는 것이 좋다.

차를 이용한 레시피

차는 이제 고유의 영역을 넘어 우리의 접시 속으로 들어왔다.
여기서는 차가 주인공인 몇 가지 요리와 디저트 레시피를 소개한다.

고등어 또는 전갱이 오차즈케(기요아지[清味] 레스토랑 / 기누가와 기요하루 셰프)

재료(4인분)

- 고등어(또는 전갱이)를 얇게 회로 뜬 것 8장(약 350g)
- 쌀 200g
- 참깨페이스트(네리고마, 일본 식료품 상점에서 구매) 또는 타히니(Tahini) 16g
- 간장 8㎖
- 맛술 8㎖
- 와사비 조금(생략 가능)
- 야부키타 센차(p.127 참조) 적당량

만드는 방법

❶ 밥을 짓는다.

❷ 참깨 페이스트, 간장, 맛술을 섞어서 소스를 만든다. 물을 조금(약 4㎖) 넣어 섞는다.

❸ 물 100㎖를 끓여서 찻물을 준비한다.

❹ 볼 4개를 준비해 밥을 나눠 담고 고등어를 올린 뒤 소스를 끼얹는다. 기호에 따라 와사비를 조금씩 올려도 좋다.

❺ 규스에 센차를 넣고 ❸의 끓인 물을 부어 차를 우린다(p.123 참조).

❻ 차를 고등어 위에 직접 붓는다. 소스가 전체적으로 퍼지도록 젓가락으로 저어서 섞는다.

TIP_ 균형 잡힌 맛을 내려면 차에 약간의 떫은맛이 필요하다. 차를 2번 우리거나, 2분 정도 우린 차를 사용한다.

미소센차소스를 곁들인 닭가슴살 볶음

재료(4인분)

- 닭가슴살 4장(약 500~600g)
- 양파 2개
- 미소된장 4ts
- 봄 수확 센차 조금

만드는 방법

❶ 양파는 껍질을 벗겨서 깍둑썰기한다. 닭가슴살은 작게 자른다.

❷ 팬에 올리브유를 조금 두르고, 닭가슴살과 양파를 넣어 약불로 볶다가 중불에서 계속 볶는다.

❸ 센차를 준비한다(p.127 참조). 첫 번째와 두 번째로 우려낸 차를 볼에 붓고 미소된장을 푼다.

❹ ❸을 볶은 닭가슴살 위에 붓는다.

메밀차와 파르마햄을 곁들인 오믈렛

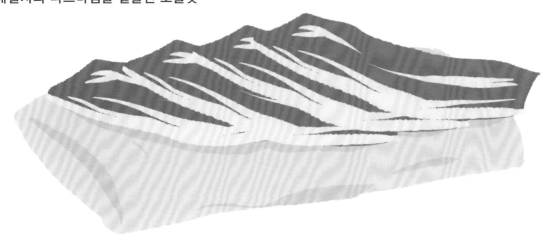

재료(4인분)

- 달걀 6개
- 파르마햄 4장
- 루콜라잎 또는 그린 샐러드 조금
- 방울토마토 4개
- 우리지 않은 메밀차 알갱이(p.140 참조)

만드는 방법

❶ 각 접시에 토마토와 루콜라잎 또는 그린 샐러드를 올린다.

❷ 볼에 달걀을 깨서 넣고 소금과 후추(재료 외)를 뿌린 뒤 섞는다. 팬에 기름을 두르고 달걀을 붓는다.

❸ 오믈렛이 익으면 4등분해서 ❶의 접시에 1조각씩 담는다.

❹ 파르마햄을 각각 올리고 메밀차 알갱이를 1TS씩 뿌린다.

다르질링(또는 네팔) 홍차를 넣은 복숭아 젤리

재료(4인분)

- 얇게 슬라이스한 복숭아 80g
- 여름 수확 다르질링(또는 네팔) 홍차 24g
- 미네랄 함유량이 적은 물(p.96 참조) 1200㎖
- 한천 시트 2장
- 카소나드 설탕 40g

만드는 방법

❶ 한천 시트를 물에 15~20분 정도 불린다.
❷ 불린 한천 시트를 작은 조각으로 자른다.
❸ 냄비에 한천 조각과 물을 같이 넣고 완전히 녹을 때까지 끓인다.
❹ 기다리는 동안 개완으로 홍차를 우린다(p.124 참조).
❺ 한천이 완전히 풀어지면 설탕과, 찻잎을 걸러낸 홍차를 넣고 잘 섞는다.
❻ 냄비를 불에서 내린 뒤 체에 걸러서 젤리용 틀에 붓는다.
❼ 복숭아 슬라이스를 넣고 섞은 다음 냉장고에 넣어 굳힌다.
❽ 젤리가 차갑게 굳으면 먹는다.

맛차소스를 뿌린 바닐라 아이스크림
(기요아지 레스토랑 / 기누가와 기요하루 셰프)

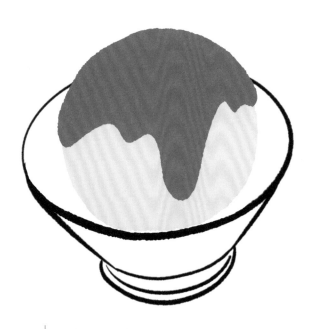

재료(4인분)

- 바닐라 아이스크림 400g
- 전통 맛차 12g(p.128 참조)
- 미네랄 함유량이 적은 물(p.96 참조) 100㎖

만드는 방법

❶ 물을 끓인다.
❷ 볼에 끓인 물과 맛차를 넣고 잘 섞어서 풀어준다. 매우 진하기 때문에 페이스트 같은 질감이 된다. 여기서는 거품을 내지 않는다.
❸ 아이스크림을 볼 4개에 나눠 담고 그 위에 ❷의 맛차를 조금씩 부어서 먹는다.

맛차 케이크

재료(8인분)

- 달걀 2개
- 설탕 150g
- 크렘 프레슈(젖산을 첨가해 살짝 발효시킨 프랑스식 크림) 80g
- 밀가루 115g
- 베이킹파우더 2g
- 맛차 25g
- 버터 25g
- 포도씨유 25g

만드는 방법

❶ 오븐을 160℃로 예열한다.
❷ 밀가루, 맛차, 베이킹파우더를 함께 체에 내린다.
❸ 큰 볼에 부드러워진 버터와 설탕을 넣고 섞는다. 여기에 달걀을
   1개씩 넣고 섞은 뒤, ❷의 밀가루, 맛차, 베이킹파우더를 넣는다.
   포도씨유와 크렘 프레슈를 넣고 잘 섞어준다.
❹ 빵틀에 버터를 바르고 반죽을 붓는다.
❺ 오븐에 넣고 50분 정도 굽는다.

매실주를 넣은 교쿠로 칵테일

매실주는 한국이나 일본에서 매우 인기 있는 술이다. 매실주를 교쿠로와 섞으면 뜻밖의 조합이 탄생한다. 매실주의 새콤한 맛, 교쿠로의 진한 감칠맛, 그리고 과일과 찻잎의 아로마가 조화를 이루어 놀라울 정도로 성공적인 조합이 완성된다.

재료(1잔 기준)

- 교쿠로 6g
- 매실주(한국 또는 일본 식료품점이나 인터넷에서 구매 가능) 적당량
- 얼음 조금
- 미네랄 함유량이 적은 물(p.96 참조) 적당량

만드는 방법

❶ 120㎖ 용량의 찻주전자에 교쿠로를 넣는다.
❷ 차가운 물을 찻잎이 잠길 정도까지만 붓는다(가득 채우지 않는다).
   2분 30초 동안 우린 다음 유리잔에 붓는다.
❸ 첫 번째와 마찬가지로 다시 한 번 차가운 물을 붓는다. 1분 정도
   기다린 다음 유리잔에 붓는다.
❹ 우려낸 교쿠로의 전체 양을 계량한다(약 25~30㎖).
❺ 같은 양의 매실주를 붓는다.
❻ 잘 섞어서 칵테일 잔에 붓는다. 얼음을 1~2개 넣어서 마신다.

CHAPTER

Nº

참고자료

더 알고 싶다면

박물관(프랑스)

도자기나 차 준비와 시음에 필요한 도구에 대해 알아본다.

- 세브르 국립 도자기 박물관
  (Le Musée national de céramique de Sèvres)
  www.sevresciteceramique.fr
  2 Place de la Manufacture – 92310 Sèvres

중국과 일본은 서양에서 차 소비가 시작되는 데 중요한 역할을 한 나라이다. 관련된 컬렉션을 관람하면 지식을 넓힐 수 있다.

- 기메 국립 아시아 미술관
  (Musée national des arts asiatiques Guimet)
  www.guimet.fr
  6, Place d'Iéna – 75016 Paris

다도 시연

- 파리 일본문화원
  www.mcjp.fr
  101, bis quai Branly – 75015 Paris

문학

일본 다도의 창시자인 센노리큐에 대해 자세히 알려주는 두 편의 소설을 소개한다. 같은 인물에 대한 두 작품의 해석이 매우 다르다. 또한 로버트 포춘의 책에는 최고의 차나무를 찾아 중국을 여행하는 스코틀랜드인 플랜트 헌터의 이야기가 등장한다.

- 이노우에 야스시[井上 靖], 『본각방 유문[本覚坊 遺文]』
- 야마모토 겐이치[山本 兼一], 『리큐에게 물어라[利休にたずねよ]』
- 로버트 포춘(Robert Fortune), 『차와 꽃의 여정(La route du thé et des fleurs / Payot)』

규스를 살 수 있는 곳(프랑스 · 벨기에)

- 살롱 드 테 토모(Salon de thé Tomo)
  www.patisserietomo.fr
  11, rue Chabanais – 75002 Paris
- 우나미(Unami)
  www.unamitea.com
  8, rue Saint – Jacques – 59000 Lille
  * 벨기에에도 지점이 있다
  (rue du Postillon 2, 1180 Uccle)
- 팔레 데 테(Palais des thés)
  www.palaisdesthes.com
  팔레 데 테는 프랑스 전역에 매장이 있다.

영화

50년 전 일본에서 다도 수업을 받았던 젊은 여주인공의 이야기를 담은 영화.

- 〈일일시호일(日日是好日)〉, 오모리 다쓰시[大森 立嗣] 감독 / 2018 일본 개봉 / 2019 한국 개봉 / 2020 프랑스 개봉

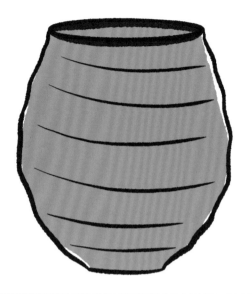

시음 세트를 찾는다면(프랑스)

- 🍃 조르주 카농(George Cannon)
  www.georgecannon-eshop.fr
  12, rue Notre Dame des Champs – 75006 Paris
- 🍃 다만 프레르(Dammann Frères)
  www.dammann.fr
- 🍃 팔레 데 테(Palais des thés)
  www.palaisdesthes.com

찻잔을 살 수 있는 곳(프랑스)

다카토리 도자기
- 🍃 살롱 드 테 토모(Salon de thé Tomo)
  www.patisserietomo.fr
  11, rue Chabanais – 75002 Paris
좀 더 일반적인 찻잔을 찾는다면
- 🍃 베르나르도(Bernardaud)
  www.bernardaud.com
  1, rue Royale – 75008 Paris

개완을 찾는다면(프랑스)

- 🍃 테 드 신(Thés de Chine)
  20, boulevard Saint-Germain – 75005 Paris
  https://thesdechine.business.site/
  장인이 만든 개완을 다양하게 고를 수 있다.
  예산 : 65~70유로(2021년 기준)
- 🍃 구트 드 테(Goutte de thé)
  77, avenue Ledru-Rollin – 75012 Paris
  www.gouttedethe.com
  다양한 모델의 개완을 볼 수 있다.
  예산 : 30~50유로(2021년 기준)

차 시음 워크숍에 참여하고 싶다면(프랑스)

- 🍃 부티크 조르주 카농(Boutique George Cannon)
  www.georgecannon-eshop.fr
  12, rue Notre Dame de Champs – 75006 Paris
- 🍃 레콜 뒤 테(L'école du thé, 팔레 데 테에서 운영)
  www.ecoleduthe.com
  7, rue de Nice – 75011 Paris
- 🍃 살롱 드 테 토모 (Salon de thé Tomo)
  www.patisserietomo.fr
  11, rue Chabanais – 75002 Paris

안젤로 무사의 디저트와 잼을 맛보고 싶다면(프랑스)

- 🍃 디저트
  파리 플라자 아테네 호텔의 여러 레스토랑에서 식사 또는 간식 시간에 안젤로 무사의 디저트를 맛볼 수 있다.
- 🍃 잼류
  배-바닐라, 딸기, 망고-패션프루트, 아말피 레몬, 시칠리아 만다린 등으로 만든 다양한 잼이 있다.

E-mail 주문 : contact@angelomusa.com

INDEX

ㅋ

일러스트레이터_ 야니스 바루치코스(Yannis Varoutsikos)

아트 디렉터이자 일러스트레이터. 다른 분야에서도 다양하게 활동하고 있다. Marabout에서 나온 『와인은 어렵지 않아(Le Vin c'est pas sorcier)』(2013, 한국어판 그린쿡 2015), 『커피는 어렵지 않아(Le Cafe c'est pas sorcier)』(2016, 한국어판 그린쿡 2017), 『위스키는 어렵지 않아(Le Whisky c'est pas sorcier)』(2016, 한국어판 그린쿡 2018), 『맥주는 어렵지 않아(La Bière c'est pas sorcier)』(2017, 한국어판 그린쿡 2019), 『칵테일은 어렵지 않아(Les Cocktails c'est pas sorcier)』(2017, 한국어판 그린쿡 2019), 『요리는 어렵지 않아(Pourquoi les spaghetti bolognese n'existent pas?)』(2019, 한국어판 그린쿡 2021), 『럼은 어렵지 않아(Le Rhum c'est pas sorcier)』(2020, 한국어판 그린쿡 2022), 『Le Grand Manuel du Pâtissier』(2014), 『Le Grand Manuel du Cuisinier』(2015), 『Le Grand Manuel du Boulanger』(2016) 등의 그림을 그렸다.

lacourtoisiecreative.com

lacourtoisiecreative.myportfolio.com

작가_ 야스 가케가와(Yasu Kakegawa)

야스 가케가와는 티 소믈리에–컨설턴트로, 파리 르 꼬르동 블루에서 차에 대해 가르쳤고, 2014년에는 세계녹차협회의 오–차(O–CHA) 개척자상을 수상했다. 차에 대한 그의 시각은 포괄적이다. 차는 미식의 일부이며 오늘날 사람들은 와인과 마찬가지로 차의 풍부한 아로마를 즐긴다. 그러나 진정한 맛을 알기 위해서는 차가 지구상의 조화를 이루는 모든 것의 일부라는 점을 이해해야 한다.

옮긴이_ 고은혜

이화여대 통번역대학원 통역전공 한불과와 파리 통번역대학원(ESIT) 한불번역 특별과정을 졸업했다. 서울과 파리에서 음식을 공부하고 프랑스 공인 요리 부문 전문 자격(CAP–Cuisine)을 취득했으며, 프랑스의 미쉐린 스타 레스토랑에서 견습을 마쳤다. 현재 F&B 전문 한불 통번역사로 활동 중이다. 오랫동안 차를 사랑해 왔으며 한국 전통 다도 사범 자격을 보유하고 있다. 그린쿡과 『맥주는 어렵지 않아』, 『칵테일은 어렵지 않아』, 『요리는 어렵지 않아』, 『럼은 어렵지 않아』 작업을 함께 했다.

차는 어렵지 않아

펴낸이	유재영	기획	이화진
펴낸곳	그린쿡	편집	박선희
글쓴이	야스 가케가와	디자인	정민애
옮긴이	고은혜		

1판 1쇄 2022년 8월 10일

출판등록 1987년 11월 27일 제10-149
주소 04083 서울 마포구 토정로 53(합정동)
전화 02-324-6130, 324-6131
팩스 02-324-6135

E-메일 dhsbook@hanmail.net
홈페이지 www.donghaksa.co.kr / www.green-home.co.kr
페이스북 www.facebook.com / greenhomecook
인스타그램 www.instagram.com/__greencook

ISBN 978-89-7190-835-8 13590

• 이 책은 실로 꿰맨 사철제본으로 튼튼합니다.
• 잘못된 책은 구매처에서 교환하시고, 출판사 교환이 필요한 경우에는 사유를 적어 도서와 함께 위의 주소로 보내주세요.

GREENCOOK은 최신 트렌드의 요리, 디저트, 브레드는 물론 세계 각국의 정통 요리를 소개합니다. 국내 저자의 특색 있는 레시피, 세계 유명 셰프의 쿡북, 전 세계의 요리 테크닉 전문서적을 출간합니다. 요리를 좋아하고, 요리를 공부하는 사람들이 늘 곁에 두고 활용하면서 실력을 키울 수 있는 제대로 된 요리책을 만들기 위해 고민하고 노력하고 있습니다.